自省与自愈

ZIXING YU ZIYU

孙志忠 著

海峡出版发行集团 | 福建科学技术出版社

图书在版编目（CIP）数据

自省与自愈 / 孙志忠著. —福州：福建科学技术出版社，2024.7

ISBN 978-7-5335-7282-2

Ⅰ.①自… Ⅱ.①孙… Ⅲ.①人生哲学-通俗读物 Ⅳ.①B821-49

中国国家版本馆CIP数据核字（2024）第080613号

出 版 人　郭　武
责任编辑　曾庆雯　黄秀敏
责任美编　吴　可
责任校对　林峰光

自省与自愈

著　　者　孙志忠
出版发行　福建科学技术出版社
社　　址　福州市东水路76号（邮编350001）
网　　址　www.fjstp.com
经　　销　福建新华发行（集团）有限责任公司
印　　刷　福州万紫千红印刷有限公司
开　　本　720毫米×1020毫米　1/16
印　　张　15
字　　数　237千字
版　　次　2024年7月第1版
印　　次　2024年7月第1次印刷
书　　号　ISBN 978-7-5335-7282-2
定　　价　68.00元

书中如有印装质量问题，可直接向本社调换。
版权所有，翻印必究。

前言 Foreword

笔者时常在思考这样的问题：为什么有的人做事虽然很努力，却经常受挫，事倍功半？为什么有的人经常重复出错或明知故犯，尽管之前别人对他有过善意的提醒？为什么有的人好心却得不到好报？为什么有的人很容易上当受骗？为什么有的人在事业上十分成功，却在婚姻和家庭方面经营得很失败？为什么有的人在为人处事方面付出的成本与代价很高？怎样做才能使我们处事顺畅、身心健康、平安幸福？如何使自己少犯错误，化不利因素为有利因素，从而走向成功？生活中打开美好之门的钥匙在哪里？

笔者通过反思自己的人生经历，并深入剖析各类生活实例，得出人在奋斗过程中的成功与失败等，与自己是否愿意自省、如何自省和自纠有着内在联系的结论。

该书以人的自省为出发点，以提高自己的认知、改变自己、提升自己的价值为主线，从学习、生活、工作、为人和处事等方面入手，将自己多年的感悟与读者分享。但愿这些感悟能让读者在阅读后获得启发，重视自省、善于自省，从而改变自己、提升自己，如摒弃错误的理念、改变生硬的表达方式、调整说话与做事的顺序、转换观察事物的角度、转变分析问题时僵化和单一的思维模式等。如此以来，你的面前会呈现出一个更为美好顺畅、可持续发展、生机勃勃、焕然一新的人生世界。

该书中的体会和感悟简明、实用，对创业者、在职人员、学生等，有较好的阅读体验和借鉴作用。

囿于笔者的理论素养和学术水平，书中存在的错漏和不妥之处，敬请广大读者提出宝贵意见，不吝赐教，笔者将不胜感激！

孙志忠

二〇二三年八月

目录

第一章　自　省 /1

一、自省的意义和作用 /1

二、时时自省、处处自省 /2

三、用好自己的强项 /21

四、展示自己 /23

五、出成绩之后的利与弊 /25

第二章　在学习中自省 /30

一、不断地学习、不断地唤醒自己 /30

二、"四读、一学、一找" /31

三、简单和实用的学习方式 /35

四、反复训练 /38

五、"无用"与"有用" /39

六、学习的八点注意事项 /42

第三章　改变自己 /48

一、让自己拥有良好的心态 /48

二、改变自己单一的思考问题方式 /54

三、驱除潜藏在自己心中的"心魔" /56

四、以"常态心"应对"非常态事" /62

五、提升自己的良好形象 /66

六、改变自己的惰性 /67

七、提升自己的自控力 /68

八、良好的行为习惯比事前的反复提醒更有效 /68

第四章　把话说好是人的大智慧 /72

　　一、学会把话说好 /72

　　二、把话说好的七大方面要求 /76

　　三、慎用"反向表达" /85

　　四、听话、问话、回话 /87

　　五、玩笑与幽默 /95

　　六、说话"八忌" /97

　　七、避免祸从口出的六点建议 /100

第五章　学会给自己"修路" /102

　　一、人有很多共性 /102

　　二、礼貌、教养 /103

　　三、勿将自己的意愿强加给他人 /105

　　四、尊重小人物，感恩小人物 /106

　　五、不可瞧不起八种人 /106

　　六、学会做人的十条建议 /108

　　七、贵人愿意帮助什么样的人 /114

　　八、熟人，圈子 /116

第六章　做　事 /119

　　一、人的状态 /119

　　二、做事过程中的六个重要环节 /120

　　三、"拖法"和"完美" /126

　　四、"土办法" /128

　　五、用好"奥卡姆剃刀"原理 /129

第七章　防患于未然 /130

　　一、隐患 /130

　　二、直觉 /131

　　三、异常 /133

　　四、小概率事件 /134

第八章　用对知识和经验 /136

　　一、经历，经验 /136

　　二、人容易出现的六种盲区 /140

　　三、辨析 /143

　　四、对二十个问题的具体分析和处理意见 /148

第九章　识人是人生的一门必修课 /171

　　一、常见的人性弱点 /171

　　二、提升自己的识人能力 /172

　　三、交对朋友、用对人 /179

　　四、防骗之心不可无 /183

第十章　学会保护自己 /186

　　一、不暴露自己的秘密 /186

　　二、切勿激怒别人使其沦为"垃圾人" /188

　　三、防止被你熟悉的人伤害 /190

　　四、学会保护自己 /192

　　五、助人有智慧 /199

第十一章 家是人生的"大本营" /202

一、婚姻 /202

二、夫妻和睦的四大"秘诀" /205

三、家和万事兴 /208

第十二章 平安和健康是人生大福 /211

一、你的安全你负全责 /211

二、勿让健康毁在自己错误的认知里 /214

三、影响人身心健康的六大因素 /217

四、珍惜和保护好自己体内的免疫系统 /222

后 记 /225

第一章 自 省

现实中，有的人在生活、为人和处事等方面，屡屡受挫，付出的成本和代价很高，却不知是何原因；有的人常常被表面现象所迷惑，糊涂地相信他人而做出错误的决定；有的人聪明反被聪明误；有的人在绕了很多弯、经历了很多挫折，痛定思痛之后才明白其中的道理，之后感叹自己怎么会被这些简单的问题困扰那么长的时间，怎么长期在犯这些本不应该犯的错误……然而，自己已犯的错误和已付出的沉痛代价已经无法挽回。

人若学会自省、自觉自省，就能及时察觉自身存在的缺点和不足，最大程度地避免出现以上问题。

人的内心深处都藏有一套纠偏纠错系统。唯有自省，才能激活这套系统。深刻地自省，是一种智慧。人越早自省，就能越早认识自己，越早实现进步和发展。

一、自省的意义和作用

自省，就是自我反省，省察自己思想和言行的过程。

自省的意义：认识自己、把握自己、规划自己和改变自己，使自己的人生更加美好。

自省有三大作用：其一，凡事能先反省自己身上存在的问题，自我评估，查偏纠错；其二，能持有积极和正确的心态，管理好自己的情绪，约束自己的行为；其三，能更好地学会做人和做事，使自己的人生更加顺畅。

人的很多智慧深藏于自省之中。虚心自省、善于自省的人，至少有以下九大方面的受益。

◎ 能把握自己人生的方向，明确自己各阶段的责任与目标。

◎ 能自觉学习，不断提高自己的认知能力和辨析能力。

◎ 能较好地处理自己与他人、与团队之间的关系；会做人，有较好的人缘。

◎ 能较早明白自己应该坚持什么、珍惜什么、必须改变什么、看淡什么。

◎ 遇事理智，有较好的自控力；看事较客观，善于换位思考；处事会权衡、懂利弊，不自以为是、一意孤行。

◎ 有自知之明，谨言慎行，扬长避短；能处理好自己日常生活中的诸多问题，善于从不利因素中发现有利因素。

◎ 能使自己保持头脑清醒。当自己身处顺境、春风得意之时，能居安思危、自律自控，故而能少犯错误；当自己身处逆境、遭遇挫折时，能勇敢面对，化解危机，较快地扭转不利局面，走出困境。

◎ 能较早地发现自己某些认知和理念上的偏差，走出误区；能较早地觉知自己的情绪被自己的不良心态和偏见所"绑架"，解脱自己。

◎ 在生活中，能珍惜和重视自己"手中的每一张牌"，有效地减少乃至避免将"手中的牌"打错、打烂。

二、时时自省、处处自省

人须静心自省、虚心自省，才能认识自己，发现自己存在的问题。好比从河里装一桶水，若不停地摇晃，水永远是浑浊的；若将这桶水静置一定的时间，浑浊部分会沉淀，桶上部的水就会变得清澈。

人须时时自省、处处自省。人生旅程中所经历的每一件事，不像在开车时会有导航系统提前发出语音提示前方的路况，而是悄无声息地出现在生活中。尽管人类的科学技术一直在发展，至今也未能开发一套软件或发明一种仪器能指出人存在的缺点与不足，并且在关键时刻及时提醒你。"时时自省、处处自省"好比是人生旅途的"提醒器"、言行的"督察员"，能使人较早地发现自己存在的问题，及时纠偏纠错。

以下就人在生活、学习、为人和处事中，具有共性且较为重要的十二个方面的自省，谈谈自己的一些看法。

（一）对自己的定位和对事情的决定是否正确

人对自己的定位和对事情的决定，是极为重要的"因"，决定着今后事情的发展方向、人生的生活状况。如果一开始方向错了，以后都要为曾经做出的错误决定买单。

1. 了解自己

无论对事、对人，明确自己的定位很重要。

人只有了解自己，才能明白什么适合自己，什么不适合自己。适合自己做的事，就大胆去做；不适合自己做的事，尽量避之；对于不确定是否适合自己的事，还须自己去学习或尝试之后再决定。

有的行业特殊，要求极高、极严，对任何人没有一点情面可讲，需要遵守严格的行规、纪律等。这种职业对自制力和定力不够的人很不适宜。

还有的行业，对人的身体和心理素质有特殊的要求，亦不可强行为之。例如，某位考生考上大学，家长希望他今后当一名医生，而这位考生自己不但不喜欢当医生，而且不具备当医生重要的必备条件，比如胆大心细。倘若听从父母的安排今后真的成为一名医生，对其本人和社会来说，弊远大于利。

有的人不善经营，却偏偏将钱投资在经商方面，或者将钱投在自己极为陌生的领域，那样风险也是极高的！

每个人需要了解自己的内容有很多，自己的优点、缺点、强项、弱项，性格内向还是外向、急躁还是沉稳，是否有自控力，是否有较强的心理承受能力，心性是否过于善良或畏情，处事是否细心周到等。

2. 选择

选择是指在多种事物的面前选择一种自己想要的。应"选择适合自己的"而不是"最好的"。第一，"最好的"往往是众人关注的焦点，很多人都想得到它，有的人甚至不择手段；第二，"最好的"是理论而不是实际的；第三，事物都是相互的，人既是选择者，也是被选择者，人在对选择对象进行评估时，也应实事求是地评估自己，看看是否相对匹配。

如果可供人选择的机会不止一个，须倍加珍惜之，因为任何机会都有时效性，稍纵即逝。切不可由于可供自己选择的机会多了，滋生麻痹思想，停留在自我陶醉当中，或者由于多个选择的机会，反而使自己眼花缭乱、没有主见、犹豫不决，甚至还盼望有更好机会到来的不切合实际的想法等等。所有这些，都会使人错失良机。须知，当人面临选择的机会较多时，也许是自己人生旅途中分散的多个机会在一段时间内不约而至，今后很长的时间内，能遇到类似的机会很难甚至没有，故而人须倍加珍惜之、把握之。

　　如果你经过慎重思考后，认为这些机会都不适合自己，那就不要纠结，而是转变思维方式、开拓视野，去创造机会、另寻机会。

　　这里强调以下四点。

　　◎ 确定选择的范围。如在哪里（区域、行业等）投资发展，拜什么样的人为师，结交什么样的朋友，与什么样的人合作，用什么样的人，找什么样的配偶，选择什么样的专业等，必须慎重。要有足够的思想准备，多花一些时间和精力去学习，深入实际，做具体的了解与研究。在这期间免不了知识缺乏、胆量不足等因素，这很正常。对事物的认知都是从不了解到了解，从困惑到清醒的。越是困惑，越是要下功夫去学习和探索。

　　◎ 选择要有适当的超前意识。处事时，要有信心，不但要明白自己现在的实际，做出与自己的实力和性格相匹配的选择，也要给自己留下发展的空间。

　　◎ 选择不要太勉强，强扭的瓜不甜。

　　◎ 选择时须不受诱惑，切不可贪心。

3. 决定

　　人生的决定有"大决定"和"小决定"。一般地，能用负担得起的代价解决的或是很容易重来的事情都属于"小决定"；不能用负担得起的代价解决的或很难重来的事情，涉及人生发展大方向的都属于"大决定"，如安全、健康、找对象、投资、转型或合作，特别是可能涉及法纪方面问题的事。

　　决定时要用自己的头脑去分析思考，有主见，实事求是，明确做出决定的正确依据。要防止自己的情感、理念、思维和取向等被他人（包括亲人）"绑架"而草率做出决定。自己的事应由自己独自决定和承担，他人不会替你考虑得那么多、那么周全，他人更不会替你的选择买单。

决定之时就是进入新的转折点、踏上新的起点之时，其发展的方向和轨迹决定着今后人生的"运"。

（1）决定事情时必须先考虑的四大因素

◎ 处事的理念和原则，这是重中之重。

◎ 决定的安全性、健康性、合理性和发展性。

◎ 权衡、分析利弊，考虑付出代价的大小。

◎ 保持稳定的心态和情绪。在对人、对事做出决定时，心态和情绪因素往往占据第一主导地位，心态和情绪是人生命的导航系统。身心是否疲惫，情绪是否稳定都会影响到人做出的决定，在做出决定时应自省自己做出决定的依据是否靠得住，是否想当然，是否掉入某种视野（或思维、情感）的盲区，是否被某名人或专家的理念"绑架"了等。若其中一个因素有问题，应立即停止做决定。防止自己原来内心很清楚，想法很正确，却因为客观因素的干扰和影响，导致自己头脑发热、心态变化、情绪冲动，或出现视野（或思维、情感）盲区而做出意想不到的荒唐决定。

（2）决定的"急"与"慢"

决定"急"与"慢"界限的区分永远没有统一的标准。谁都无法对决定过急或过慢给出具体的纠正公式，只能靠自己去实践和感悟。

但笼统而言，在做决定前要有足够的思考时间。这个时间的多少根据事件的重要性、是否可逆、出现机会的大小，以及必须做出决定的最后期限而定。这里先把这段时间称为"思定期"，即思考、定夺的时期。由于每个人的具体情况不同，"思定期"的时长也有所不同，或许半分钟，或许一分钟，或许更长……

对于不急的事，不要急于决定。多花一些时间，考虑全面、成熟一些，但这不等同于拖拉。其实，对于模糊、无把握之事，迟迟不能做出决定也是常有的事。对于急事，也要有一系列思考、判断的程序，快刀斩乱麻不是不要思考就匆忙作决定。若为了贪图快，以情感代替理性的思考，减少或挤掉思考的时间，不但不值，而且往往结果很糟。

做决定的一个关键要素是时机。有些事，你认为该做的，但又觉得时机还不成熟，这时不能不想、不做，而是要着手谋划，并分阶段准备，待时机成熟，全力以赴，如此，便可以避免错失良机；还有些事，只能交给时间去解决，此时，人最关键的是不急、不焦虑，耐心等待，不凭主观想法、脱离实际，强行为之。时机是非常特殊和短暂的，即使是合适的，也不一定是百分之百有把握的，你想抓住它，有时还得寻求他人帮助或与他人协作等。寻找最佳时机确实很难。人的贪婪会导致人将最佳时机定在有九成、十成的把握（满意）时才肯出手行动，然而这样往往会来不及，抓不住机会。

（二）自己的责任和奋斗目标是否明确

人应当明白，有的事，别人替代不了，只能自己独自面对和承担。

1. 责任

人有三大责任：一是对自己的责任；二是对家庭的责任；三是对社会的责任。

人不明白自己的责任，或者忽视自己应担负的责任往往会导致重大失误，甚至犯下不可逆转的大错。工作中，身居要职或职务高的人，责任很大。如果忽视自己应担负的责任，往往会给国家财产和人民生命安全埋下隐患甚至酿成重大事故！

这里需要补充强调的是，父母和教师在明白自己责任的同时，还必须根据阶段教育的特点，从小教育孩子明确自己的责任。人越早明白自己的责任，就越早懂事、越早独立。

2. 负责任

明确自己的责任是前提，自觉负起责任才是目的。做到不敷衍、不推卸、不逃避。

人只有明确自己的责任，负起责任，才能直面并战胜困难，从而抓住机遇，改变自己。

3. 目标

人要确立自己的理想和奋斗目标。没有奋斗目标好比没有方向,在原地打转。

生活中,大多数人很难早早地确立自己人生的奋斗目标,这很正常,因为人生奋斗目标的建立与自己的经历和心智成熟程度密切相关。

人暂时未确立自己人生的奋斗目标不要紧,但人必须明确自己各时期的责任,并由此确定自己的阶段性目标,好比在赛场上找到属于自己的跑道和起跑点,蓄势待发。

这里要提醒两点:一是优越的客观条件也会误人。有的人拥有优越的客观条件而自命不凡,疏于考虑自己今后的奋斗目标,碌碌无为,因而错失很多机遇。须知,任何优越的客观条件都具有时效性,并非永远不变的,应好好珍惜、利用,切不可坐享其成,更不可炫耀张扬,否则,人的优越条件会耽误自己。二是明确责任和目标是一回事,如何担负责任和实现目标又是另一回事。人实现目标的过程就是艰苦奋斗的过程。

(三)是否缺乏自制力

人与人之间最大的不同就在于自制力上。自制力是对人的一种考验,体现人的智慧和意志;自制力是精神、是勇气、是坚守。人要在正确方向的指引下,毫不动摇,用坚定的自制力,为正确的处事原则和行动保驾护航。

以下是提升自制力的七点建议。

◎ 遇事时心不乱,镇静自若,大胆面对。

◎ 必须立即去做的事,积极主动,迎难而上;必须等待时机成熟的事,能耐得住寂寞,专心致志,坚持不懈。

◎ 不能做的事,不因极大的诱惑而抱侥幸心理铤而走险。

◎ 敢于拒绝他人对自己提出的不合理请求。

◎ 不随意对他人作出承诺。

◎ 三"避开":避开品德不好的人;避开安全性差的场所;避开不该涉及的事。

◎ 四"不":得意时不头脑发热;失败时不自暴自弃;愤怒时不将话说绝;焦急时不乱相信他人。

特别提醒:切忌意气用事。人生成功的道路有很多条,得难失易。

(四)自己与他人之间的界线是否清晰

人应明白自己与他人之间的关系,懂得彼此之间的界限。

在这个世上,每个人都会与他人建立一定的关系。如同学关系、师生关系、同事关系、朋友关系、亲情关系、合作关系等。

人不能无原则扩大彼此关系的范围。如不可随意将朋友的朋友当成自己的朋友,也不能一厢情愿提高彼此关系的层次。对人不可交浅言深。

人与人之间应保持一定的距离,认清彼此之间的界限。懂得什么话能说,说到什么份上;什么话不能说,不能说的话坚决不说;什么事能帮助他人,帮到什么程度;什么事不能帮助他人,不能帮的事坚定拒绝。

(五)是否能胜任新角色

有的人没有留意到自己将要或者已经有了新的角色定位,因而忽略了很多该做的重要事情,造成了很多失误和损失。

首先,要懂得自己是否将要成为一个陌生的、崭新的角色。进入新角色后,有很多新的事情需要去做,有不少新的问题需要去解决,原来熟悉的、擅长的优势有可能用不上。新的事物在没有真正体验过前,可能不能直接理解和掌握其内部的特点和规律。所以,学会问、注意听、留心看,虚心向有经验的人学习,树立战胜困难的信心与决心,以适应新角色的要求。

我们必须不断学习,大胆实践,学会在新形势下必须学会的新知识,掌握社会不断发展进步对人生存提出的更高要求和更新本领。

(六)性格是否太骄傲、太自私

1. 太骄傲的人

骄傲是人的本性,但过于骄傲,不但会耽误自己,而且会伤害到他人。太骄傲的人包括以下三种。

（1）第一种："狂妄"型。指有一定的实力但不知天高地厚而狂妄的人。这种人容易因头脑发热、冲动而犯错。

（2）第二种："自欺欺人"型。指既没有实力，又有很强的虚荣心，故作玄虚，虚张声势，想以此得到他人的认可来提高自己品位的人。

（3）第三种："半桶水"型。指对知识理解不到位甚至有偏差，还自以为是地随意添油加醋的人。

① "半桶水"型骄傲的人常有以下七种典型表现。

◎ 知识障碍严重，以为自己学到的知识最正确、层次最高，实则一知半解，甚至误解。

◎ 迷信比自己在学历、职务、财富等方面更有优势或更强势的人，认为别人说的和做的都正确；反过来，忽视那些默默无闻、工作和生活条件比较艰苦、学历低、财富少、还未出成绩的人，处处显示出高人一等的神气。

◎ 论事时自以为是，处事时一意孤行。认为自己是能人，看他人是"傻瓜"。

◎ 不会自省，不愿改变自己，却总想指导或改变他人。待人处事时，总想在言语间透露出自己有多厉害，或者常用"你要……""你不能……"等语句，使人听后感到厌烦。

◎ 总是找借口为自己的错误辩解，不承认自己存在的问题，将问题怪罪于他人或客观因素的影响。

◎ 夸大自己的劳动成果，炫耀自己在工作职责范围内所取得的业绩。认为无论是现在或将来，自己取得的业绩都是他人望尘莫及的，与人相处时，总是以一种居高临下的神态。

◎ 将他人对自己的尊重和礼貌当成自己的优秀和强势及他人的懦弱和无能，以傲慢的神态回应他人。

② "半桶水"型骄傲的人的三大坏处。

◎ 四"易"。易被他人蛊惑、利用；易中"激将法"；易被他人套出不能说出的话；易说出不该说的话，伤害他人自尊，而得罪他人。

◎ 往往会将手中难得的好牌打得稀烂。

◎ 在教育子女方面，往往不知不觉地使孩子被自己骄傲的性格影响。如在孩子面前随意说出一些狂妄骄傲的话，这会对孩子的成长造成不小的负面影响。

太骄傲自负的根源是无知。如果在他人面前装模作样，显示自己的聪明，或在神态上露出很强势的样子，在他人看来，这是内心空虚的表现。人应学会自省，学会谦虚。谦虚是一种礼貌和品质，也是一种修为和境界，谦虚是成功者的美德。在思想认识方面，承认自己的认知有限，通过不断学习和改变自己，提升自己的认知，促使自己不断进步和发展；在处事方面，能使人保持清醒的头脑，不狂妄，不贪心，不失度，提高处事效果；在与他人相处方面，谦虚而有礼，与他人和睦相处。这里须注意的是，要把握好谦虚表现的分寸，表现得过于谦虚，他人会认为你所谓的谦虚背后是骄傲、虚伪或欺骗，但过于胆小或自卑也是不好的。

2. 太自私的人

自私也是人的本性，但过于自私，会降低自己的品位。太自私的人有以下五种典型的表现。

◎ 格局小，只注重眼前利益，目光短浅。

◎ 心里想到的是自己的利益与需求，不顾及他人的感受。

◎ 责任感差，家庭观念和集体意识淡薄。

◎ 肚量小，嫉妒心强，容不下他人。

◎ 错将自己人生必须履行的责任和义务当成功劳，经常向他人讨功劳。

（七）对面子是否太在意

人不要被面子所绑架。否则，会犯一些不该犯的错误。

人若过于爱面子会使自己被外界因素所支配，身不由己，很难主宰自己，俗称"死要面子活受罪"，也容易被一些人的花言巧语所蒙骗。这种太在乎面子的心理就像一把无形的精神枷锁套在了人身上。人太在乎哪里，就很容易在哪里出现盲区，甚至出错。

太爱面子的人会对自己不自信，只有在他人肯定自己的时候才敢相信自己，自己想做什么需靠他人的肯定来决定，活得很累。

一般地，人在乎的，往往暴露出自己的思想和需要，以及脆弱的一面。

人有时也免不了太在乎，最难的在于能否发现自己太在乎，以便及时调整、纠正。"七不"可以最大限度地避免人的太在乎，即不怕，不急，不贪，不骄，对人、事、物要求不要太高，不凭空猜疑，不死爱面子。

（八）性格是否太胆小

太胆小的人往往正气不足，神态萎靡，意志消沉，在眼神、表情、语气和举止等方面，常常使自己处在弱势地位。太胆小的人往往面露怯相、见人生怯。例如，表情上有一种"自己不如他人""没有把握""怕被人误解""怕他人不高兴""害羞""不好意思"等样子；走路时低头弯腰，眼朝下看，与他人说话时眼神不敢正视对方，坐着或站着的姿势也不自然。这是在负展示自己，是在告诉他人"我是弱者"，处事时很容易给自己带来不必要的烦恼，如被人猜忌、误会，或被人看不起、打压，很容易受到一些心怀不轨的人伤害。这好比给自己挖了一个大坑，而自己就站在坑的边沿上，随时都有掉入坑内的危险。

论事时，太胆小的人想得太多、太难、太复杂，凭空设想很多不符合实际的可能和方案；将结果看得太重，生怕完成不好，放大失败的可能性，总往坏的方面想，自己吓倒自己；当听到上级领导布置任务时强调的一两句措辞比较重的话时，往往会觉得压力很大。

处事时，太胆小的人墨守成规，不善思考，没主见；或自己想当然，抓不住主要矛盾；或犹豫不决，迟迟没动手而失去良机；办事消极、没眼光，使自己随时处于被淘汰的边缘。

实际生活中，太胆小的人独立性差，缺乏应变能力。若在具体计划的实施中出现不在原有计划安排内的特殊情形时，不敢做出自己的决定；实践能力较差，不敢动手尝试，生怕将事情搞砸；过于相信、依赖他人；碍于情面，思想易被他人控制，被小人利用，上当受骗；在需要他人帮助时亦不敢求助于他人。

遇到不熟悉之事，以及大事、急事、难事时，太胆小的人容易因"恐"而焦虑，搞不清其流程时慌张；处理问题时又很急躁，紧张和害怕的思想贯穿始终，事情未做完已身心疲惫。

在应试方面，太胆小的人心理素质差，容易慌张。一是当自己走入氛围严肃的考场时，往往不自主地怯场；二是对自己参加考试的科目没把握时容易慌张；三是当考场上出现不利于自己的因素时，容易惊慌失措。

在如何看自己方面，太胆小的人往往自卑，不知道自己手中有哪些好牌，不会或不敢打出自己手中的好牌而让其失效。例如，放大自己的弱点，盲目抬高他人，总是认为他人都比自己强；处事时，往往得到他人的认同才敢去做；需要问他人、向他人寻求帮助的时候，表现出慌张焦急，出现"无病乱求医"现象；说话时想让他人知道自己的一片真情，呈现出一种讨好他人的神态，这样反而弱化自己，更容易让他人看轻自己。

太胆小的人很怕接触自己不懂或不熟悉的东西，对新鲜事物和新环境的适应能力差，错失不少机会；在进入新角色时，往往担心、焦虑、害怕，造成沉重的心理压力，导致身心疲惫。

在展示自己时，太胆小的人常常在思想上和形体上放不开。比如在文娱、书画、娱乐、文艺、武术、体育等表演或比赛等方面，其声音、肢体动作都比较畏缩、放不开，其效果往往没有平时训练时的效果好。

在与自己的子女沟通时，太胆小的人常以消极的语气，输出负面情绪，对孩子性格和心理的负面影响较大，对孩子今后的发展很不利。

还有一类太胆小的人，由于安全感不足，生怕别人看不起自己，与别人说话时，会故意显得很"骄傲"，或说大话，企图让别人知道自己的"实力"和"大胆"，以掩盖自己的不足。其实，这样反而暴露出自己的无知。

一般地，人的跟随、顺从、慌张、焦虑、畏情、怯意等的根源都是胆小。

以下提出改变太胆小的六点建议以供参考。

◎ 历练自己，让自己变得更加成熟。在为人处事时，能从容自信，大胆自在。

◎ 要有自信,不要盲目降低自己、抬高他人。将自己定位在同类的中等水平,也就是说,你至少居中。其实,弱点人人都有,你担心的,别人也在担心,你看到和听到的不少是假象。

◎ 与他人交往时"三不要":一是不要讨好或无原则顺从他人,以换取他人接受自己;二是不要主动告诉他人一些所谓重要的事情,或者你知道但别人不知道的事情,以此来证明自己的价值;三是明确与他人的感情界线,不要妄图通过逾界来提升自己在他人心中的位置。

◎ 见人、遇事不生怯。人的怯相透露出自己的软弱。只要你做得正确,就不必担心他人会误解自己;只要自己心安理得,何惧他人的神态?一些人的装模作样甚至恐吓他人,往往是心虚时自我壮胆的一种表现。

◎ 既来之则安之。接纳、承认已经发生的事实。任何事物的存在和发生都有其原因。任何事件,是事物变化发展的必然结果,与你愿意或者不愿意看到的没关系。只有接纳之,才能看淡;看淡之,才能不怕。

◎ 做任何事情时,不可让事情"绑架"自己。"负责"不是"负担","小心"不是"紧张","重视"不是"焦急","尽力"不是"拼命"。处事前要有"一切都在变化"的思想准备,并且做好出现最好和最坏结果的心理准备。这样,在做事的过程中,如果出现自己始料不及(如客观条件变化,或者发生偶然事件)甚至对你不利的情况时,就不会心生恐惧,能沉着冷静化解之;对你有利的,能大胆抓住时机,顺势而为之。

(九)性格是否"心太软"

虽然人太胆小往往伴随着心太软,但是,心太软的人还有其突出的弱点。心太软的人往往会犯糊涂:一是高估人性的善而低估人性的恶;二是"不好意思"的意识特别重,处事时,该说的不敢说出来,该拒绝的事情不敢拒绝,让自己吃尽了苦头。

有的人就是利用他人"心太软"的弱点,在情感上做文章,以达到自己不为人知的目的。

须提醒的是，"心太软"的人往往会重复出错。这里给"心太软"的人提出六点建议以供参考。

◎ 胸襟开阔但不能失去原则，慈悲为怀但不能失去底线。

◎ 宽恕他人但不能使对方免于承担责任。

◎ 诚信待人但不能过分听信他人，不能仅以他人说的话为依据对事情作出决定。

◎ 不能以自己善良的想法替代他人的想法而做决定。

◎ 怜悯他人不一定要帮助他人，这是两码事。

◎ 学会拒绝、敢于拒绝他人向自己提出的不合理请求，不要怕面子上过不去，因为这不是你的错而是对方的错。

（十）性格是否很急躁

急性子的人的情绪、思维和行动方式往往被事情所绑架。

有的人遇事时总是很急、很紧张，明明在时间上来得及甚至还很早，却急着去做，忽略了很多原本应该考虑的因素；如果事情来得较急，要求在较短的时间内完成，就更加慌张了。这些隐患容易导致处事时失误率高、精力内耗大，结果得不偿失，事倍功半。

人处事越急越容易草率，或犯"无病乱求医"的错误；人越急越会失态，暴露出自己的弱点，人急身微。

1. 性子急的根源

◎ 胆量方面：胆小，焦虑。

◎ 心性方面：怕麻烦，将遇到的事情当成一种压力。

◎ 认识方面：一是过于看重结果，以为越早做完事情会越有把握，效果会越好；二是过于害怕失去时机，过于关注速度，将速度摆在第一位。

◎ 需要方面：对事情本身的迫切需求，急于行动，急于做出决定。

◎ 思维方面：缺乏全局意识，思维单一，思维易被眼前现象绑架。

2. 性子急的常见表现

◎ 说话和处事易用错方式和失度。

◎ 为追求速度，删除一些看似不起眼的操作要求和细节，结果往往欲速不达，甚至引发事故！

◎ 处事太急，怕麻烦，很少考虑或不重视行事的时机、场合、对象等，草率做出决定。

◎ 由于急，获取的信息极为不完整；主观意识较强，思维单向；行动时鲁莽、粗枝大叶，容易出现很多问题，甚至是非常低级的错误。

◎ 没心机，很容易暴露自己的弱点；有事藏不住，容易暴露"底牌"。

◎ 心慌意乱，往往使人偏离正确的方向与原则，失去准头，乱了脚步，错了顺序，没了分寸，导致失误率升高。

◎ 上一件事还没做完就想着下一件事，越想越多、越乱、越紧张。由于急着要做下一件事，往往对当前正在做的事情匆忙应付，粗枝大叶，结果，下一件事还没做，眼前正在做的事就先搞砸了。

3. 急性子的人对身体的危害

在日常生活中，整天急字当头，不知不觉地使自己的精神长期处于紧张状态，像一把一直拉满的"弓"，对身体造成的危害很大！

急则气往上提，生火；经络受阻，代谢紊乱，诱发病因；心理紧张，压力感强，神经衰弱。

急性子的人产生的心理紧张所消耗的是自己体内的正能量，耗的是精力、心力、脑力。

看看"急"字，是将一座山推倒压在心上，性急的人往往是"成了事，伤了身"。一句话，急就是容易出错和伤身。

4. 遇事不急的六字大法：闭嘴、暂缓、明察

人遇事时先闭嘴，管住自己的口，才能避免遇事时因性急不假思索而造成口误；暂缓，管住自己的行为，不随意采取任何行动，才能避免因草率行动而造成不良后果，暂缓不是消极或放弃，也许只有几秒，也许几分钟，甚至更长的时间，是给明察提供思考的时间保障；人在明察中辨明事情的是非真假，洞察事理，做事才能周全和稳妥，才能避免因自以为是，或片面看问题，或被别有用心的人所忽悠而犯错。

遇事"闭嘴、暂缓、明察"是一种极为高级的自控力。

5. 处事不急的六点具体建议

◎ 四不：不放大事情的重要性；不将期望值提得太高；不将所有事情的全部责任压在自己头上；不时时给自己施加压力。

◎ 始终将代价与效果摆在第一位，速度放在第二位。

◎ 讲究工作方式，注重工作实效。事情总有轻、重、缓、急。急缓有度、松紧得当、有条不紊，才能忙而不乱。缓、松二字永记在心，"不要紧"常伴身边。人天天都有事情，不要被事情套住，事情就是事情，无须太急。

◎ 制定提前时段。充裕的时间可以使人从容处事，不会慌张，将事情做到圆满。然而，人和事物都在变化，有些事情提前做好思想上的准备即可，不要过早地做决定和具体实施，应静观其变，在最后时刻视具体情况而定，否则，往往会做很多无用功。

◎ 不要无缘无故地将单位时间缩短，不可强行删除原来规定的必要细节（尽管表面看来其作用较小）。否则会苦了自己，误了事情。

◎ 当你举棋不定或还有时间时，不要急于对事情做出决定，观察一段时间再说。这一方面，可以让你的头脑更清醒，情绪更平稳，思维方式更科学，考虑的因素更周到；另一方面，事情还在不断地变化，过早做决定或行动可能反而会"好心办坏事"。

对于不急之事，提出两种办法供参考：不急之事不急做，因为时间较长，可能发生的变化很多；有些不急之事要一步一步慢慢地做准备，即使中途出现变化，也有充足的时间加以修改、补充，使之更加完善。

对"急中生智"须有正确的理解。"急中生智"是人的一种特殊能力，不过这种能力藏得很深，不是指人遇事急了都会生智，有的人急中生乱、急中出错，各种情形都有可能。当你不得不"急"时（如时间紧迫），只有冷静，才有可能急中生智，否则，越急越糟！

6. 学会不怕麻烦、应对麻烦

第一，提高应对麻烦的思想认识。

生活中必有麻烦事，永远没有麻烦才不正常。现实中，人们须有面对麻烦的心理准备。若以放弃、逃避的心态去应对麻烦，则麻烦照样还在，甚至还会越来越麻烦。如果人对麻烦产生焦虑，只盼望尽快结束麻烦，那么在考虑问题时往往思维单向、匆忙应对、粗心大意，或强行省略过程和环节，这样会埋下隐患，甚至导致事故。

麻烦不一定是坏事。不要一遇到麻烦，就往坏处想。须知，麻烦自有麻烦的原因：也许是自己对事情的理解出现了偏差或做事的方法不妥，也许是事情本身所涉及的因素较多。麻烦常常给人们带来的是研究与改革、发展与进步。记住：麻烦与收获并存，困难与机会同在。麻烦有麻烦潜在的价值和回报。

第二，麻烦的克星是勇敢和耐心。

麻烦的第一个克星是勇敢。对将要发生或已经发生的麻烦事，只能正视和面对，焦虑和害怕会起反作用。既来之，则安之。不担心、不焦急、不畏惧、不厌烦、不回避，冷静面对。勇敢地正视与面对问题会使自身生成一种抗击负面因素的能量。

麻烦的第二个克星是耐心。办麻烦事不是靠速度，而是靠耐心，以及良好的心态和智慧。

（十一）为人处事是否有度

做人和处事失度是产生错误和造成损失的主要原因之一。因此，做人和处事须有度。如谦虚有度、自信有度、助人有度、说话有度、工作有度、获取有度等。

1. 尺度

人的说话和处事都应有度，适可而止。一切只有适度，你才能抓得住；若过度了，不但留不住，还可能向相反的方向变化发展。

人最难的就是对"度"的界定和把握。人处事最怕的是失度、走极端。好事变坏事往往因失度而引起。人的贪欲、急躁、骄傲自负、期望值过大、侥幸心理、认识和理解上的偏差等，是造成失度的主要根源。

人非圣贤，有时，在做事的过程中难免会过度。人在乎的、重要的事，往往"越想，越过"，过，指过量、过激、过急、过度、失衡等。"越想，越过"可扩展为"越急，越过""越需，越过"等。人应时刻保持冷静和理智的头脑，善于自省，不贪、不糊涂、不偏激，才能发现偏差，调整尺度，如标准、程度、范围、时间、主次、顺序、轻重、进退、缓急等因素。只有把握好尺度，才能有效地避免物极必反产生的不良后果。

2. 数量

事物内在变化都是由量变到质变。把握好度的关键之一是把握数量的多少。数决定度，度由数反映出来，如重复的次数、时间的长短、用量的多少等。人生活中的一切，都与数量密切相关。很多事，量用轻了，起不了作用；用量过重，物极必反。数量不会说话，只能以现象显现。

3. 速度

有时候，做事的速度决定一切。速度不够，时机稍纵即逝；然而，盲目提速，反而更糟。

人应学会慢中求快，稳中求质。如紧急疏散时，听从指挥，有条不紊，表面上好像慢了，实际上，疏散的效果更好；如果人们不听从指挥，都急着往外跑，挤在门口，将通道堵死了，结果可想而知。又如在考场上，考生都怕时间不够，若因太急而造成不必要的心理紧张，出错的可能性会大大增加。有的老师在给学生考前指导时会说：沉着不急，题看两遍，眼手同步，步步检查。目的是使学生在考试中能慢中求快，稳中求质。

4. 工作有度

工作积极有度指的是正确处理工作、家庭、健康三者的关系。努力工作，但不拼命工作。

工作中，应认清自己的角色，明确自己的职责，注意工作方法，善于安排，懂得发挥团队的作用，不是什么事情都非要自己去做。

5. 信任有度

什么事都不信任他人，会把自己搞得很累；乱信任他人，亦会出乱子！信任的前提是了解对方，重要的是了解对方人品是否可靠、为人是否诚信、做事是否能胜任和遇困难时是否能坚守等四大方面。

信任要有原则和底线，还要确定好度。根据对人的信任度，确定交往、委托、求助、合作、培养等的程度。有些事，全过程一定要自己亲自完成，除非在非常不得已的情况下才委托他人；有些事，核心的、重要的环节必须自己去定夺、去完成，他人无法替代。

6. "温度"

这里讲的"温度"指两个方面。

一是人情世故方面。人与人彼此之间相处，要有适当的"温度"。长期没有联系交往易造成关系疏远，相处过于密切亦会使人感到厌烦，或被误会是否有某种企图。

二是进食时的温度。适宜的进食温度对人体健康极为重要，不可小觑。日常饮食不能吃得太烫，如吃饭、喝粥、喝汤、喝茶、喝开水等都不能太急，进食时温度太高会伤害口腔和食管表面黏膜，若长期如此，很容易诱发病变。过度饮用冷饮，也会对胃肠造成伤害。

一般地，胆小的人、责任心太强的人、追求十全十美的人等，他们在对文字上的理解往往会过度，处事的方式也很容易失度。这些弱点较为突出的人平时更应该注意对度的正确理解和把握，才能有效地避免因失度而出错，给自己造成不良的后果。

这里还要提醒的是，对于自己喜欢的、很需要的事物，人往往容易过度；对于正确的、必须去做但做起来畏难且勉强的事，人往往会做得不够。

（十二）是否接受自我批评

1. 人必有缺点

从某种意义上讲，人的缺点可分为两大类。

第一类，只与自己有关的缺点，如心态差、呆板、无主见、不学习、眼高手低、怕苦怕累、性急、生活规律与习惯差、不珍惜自己的身体等。

第二类，影响他人尊严与利益的缺点，如嫉妒、讲他人的坏话、不尊重他人等。这些缺点是树敌的根源。

不掩饰自己的缺点并改正之，难！难在自己脸上的污垢看不见，难在不敢承认自己的缺点，难在改正自己的缺点需要很大的信心和勇气。我们常听说，世上最大的敌人是自己，最难战胜的敌人也是自己，就是这个道理。

不断改正自己的缺点是进步的一个重要特征。人们在承认和改正自己缺点的同时，应宽容他人的缺点，给他人时间与机会改正缺点，但不要一直想着去改变他人的缺点。

2. 从别人对你的态度，反省自己存在的问题

为何别人会看不起你，欺负你？要先反思自己是否弱势、没本领，正气场弱；或者自己为人形象不好（如人品、习性、说话方式等）等。

为何自己做出的成绩得不到别人的认可？首先要反思自己在取得成绩之后是如何做人的，是否口出狂言，是否骄傲自满，是否高高在上藐视领导，是否逞个人英雄脱离团队等。

为何他人与你顶嘴，对你无礼？也许是他人没教养，也许还是你自己的问题。要反思自己是否了解情况，错怪了他人，或者说出的话太片面、偏激、不合情理，或者说话伤害了他人自尊等。

为何他人会经常误会你？要反思自己说话是否经过思考，是否说了不该说出的话；说话是否模棱两可、让人不好理解；说话和处事是否自以为是，没有考虑他人的感受等。

"他人待我如何，是我的因果；我待他人如何，是我的修行。"这句话值得人们深思。

三、用好自己的强项

（一）让低调和谦虚护住自己的强项

人不可以只看到自己的本事，看不到自己的劣势。将自己看得太高的人很容易犯错误。

强者往往败在狂！人的狂妄，会使原来的优势很快变味。狂，是人从高峰走向低谷、从成功走向失败的拐点。

个人的力量极为有限，不要扩大自己的本事。人的本事再大，也需要以天时地利为前提，任何人都没有狂妄的本钱。很多事，不能单靠自己去硬拼；即使你认为自己很有把握的时候，也要学会选择在自己有利、能充分发挥自己优势的最佳时机，以最佳方式登场。否则，就要等，或避开，或求助于他人。

才要靠德来滋养。要珍惜适合自己施展的平台，人离开了平台，就像鱼儿离开了水。不能老是认为自己比他人行，比他人更聪明；不能老是认为自己对，他人错；不能目中无人，凌驾于他人之上，刁难集体组织，讨价还价！要明白，比你强的人很多，没有你，地球照转，团队照干。

人的本事与价值是两码事，他们的大小不一定成正比。本事是自己的事，人的价值体现在为社会、为他人创造的价值当中。

请记住以下三点。

◎ 不可与大自然的力量较劲，应学会避开危险，因为人的力量在大自然面前微不足道；不可与别人较劲，因为强中更有强中手。

◎ 无论人多么有本事，都无法做到无所不能。虽然人的强项（优势）可以弥补自己的一些弱项（劣势），但是，它永远无法全部弥补（或替代）自己的弱项（劣势），也无法代替自己生活的全部。

◎ 在自己巅峰的时候，应明白这是暂时的辉煌，必须保持低调。因为人都有因衰老而力不从心的时候，人都会有低谷或求人的时候。

因此，任何时候，人都要谦虚好学，自省自纠。

（二）用对自己的强项

有的人在某些方面拥有强项，却疏于考虑自己人生必须面对的重大事情，如有的人很会读书，在学习方面成绩非常优秀，学历高、工作和生活条件等都很好，却疏于考虑自己的婚姻大事，甚至对配偶的要求条件太高，耽误了自己。

专业上的强项不能代替家庭的需要。有的人在某些专业很优秀，听到他人的好话自然也很多，自己整天陶醉其中，却忽略了经营家庭、婚姻和教育子女，等到自己发现时，已经太迟。须知，自己的专长不是生活的全部。

放大自己的强项会自我封闭。如果长期将自己锁定在强项的范围内，放弃了很多学习和实践的机会，并且总以自己专长去解释、否定、代替自己生疏的事情，这往往会走入死胡同或出错，被自己的强项所误。不熟悉之事，唯有深入实际、虚心学习才行。

经营和发展你的强项不是用来向他人炫耀，或者以此来压制和贬低他人；否则，会使自己的强项变味、贬值。应正面发挥自己的强项，如在生活和工作中，帮助他人，广积善德等。

虽然人都是以自己的强项开路的，但是，人的强项并非无所不能，人的任何强项在大自然的力量面前，显得极为渺小。不可乱用自己的强项。施展自己的强项时，要加强以下三道"保险"。

◎ "二自问"：是否骄傲自满，是否粗心大意。

◎ 重视"三状态"：体能状态、精神状态、情绪状态。

◎ 重审"四用对"：是否用对时机、用对人、用对方式、用对分寸。

以上任何一道"保险"坏了，都足以让人前功尽弃，甚至更糟。切记，人往往败在自己的强项。

（三）忽视做人的能人烦恼多

现实生活中，有一些能人（强人），事业上成功了，而在交际方面、经营家庭方面处理得很不理想，产生了不少矛盾，自己吃过苦头，也苦闷伤心过。做人的成本和代价必然很高。因此，建议能人（强人）更须自省，避免因忽略做人而导致生活中出现的种种烦恼。

◎ 是否只看到自己的长处,却看不到自己的短处;是否过度高估自己,贬低他人;是否嫉妒他人,排挤他人。

◎ 在工作方面,是否对他人要求太高,难以容下他人的不足,不会原谅他人、鼓励他人。

◎ 是否好胜心太强。

◎ 说话的表达方式是否有问题。

◎ 是否将在外处事的风格和习惯带回家,产生了很多不和谐因素;平时是否很少考虑如何处理人与人之间(如家庭成员之间)的情感关系。

你在某领域越出色,越要懂进退;越要正确地认识自己、把握好自己;越要重视学习社会学、政治学、心理学、教育学,学会生活和经营家庭等;越要学会不断地给自己"补课"。

人总有不足,我们对能人(强人)的要求不能过高,要有容下能人(强人)不足之处的胸怀。另外,也不可认为能人(强人)什么都是正确的,避免能人(强人)的长处学不来,短处却被我们糊涂地效仿了。

四、展示自己

(一)人应学会正确地展示自己

人应学会正确地展示自己,以便使他人能更好地认识和了解自己,比如自己的品性、教养、理念、格局、边界。人不必担心别人不知道自己的优秀,你的光芒,别人总会看到。那种经常在他人面前极力表现自己优秀的人,大多是"半桶水",装模作样,反而会被看不起。正确展示自己体现在以下三方面。

◎ 展示自己要看时机。时机未到,须保持沉默,深藏不露;时机一到,可以尽力发挥,不要怕他人嫉妒。不过,"枪打出头鸟"的警句要时常在耳边响起!你不能独自冒进,脱离团队太远;在展示自己的同时要跟紧团队,因为若有人想"枪打出头鸟"时,会顾忌不小心打到其他鸟。

◎ 展示自己时，应先看周围是什么样的人。不要在心胸狭窄、嫉妒心强的人面前展示自己。

◎ 展示自己要用对方式，把握分寸。你要深藏别人不知道的长处或优势，展示自己时不露底，这是保护自己的方式。

正确地展示自己，既不能伤害他人的自尊，让人觉得你没有分寸感，又要使别人觉得你不好欺负。这样做不太难，只要你尊重别人、不对别人怀有某种企图，别人就会愿意与你说话、交往；只要你说经过思考后的话，处事有原则，别人就不会看轻你；只要你神态自若，见人遇事不生怯，别人就不敢轻易欺负你。

相反地，错误展示自己的表现一般有好为人师、装腔作势、显摆自己，或者习惯向他人展现自己的善良，甚至常用"反向表达"向他人示好等，这样反而暴露出自己的愚蠢和无知，也会让他人看轻自己，做人和处事往往事倍功半，成本高。

（二）"主角"与"配角"

一个部门的主要领导，或是一个团队的主要骨干，都好比一部戏的主角。当你是主角时，应注意以下三点，才能使整部戏获得成功。

◎ 要有全局观念、团结同志；在工作中要主动，并且勇担责任。

◎ 要尊重、爱护和感恩配角。红花需要绿叶烘托，应留一定的余地给配角发挥。不要怕配角"演"得比你好，如果配角"演"得好，整部戏的"厚度"增加，水涨船高，主角的"光芒"自然会显得更加耀眼。

◎ 不能将成绩全部占为己有，而要将成绩归功于集体。如果没有全体成员的鼎力相助，或者配角配合得不好，即使主角演得再好，整部戏也是平平淡淡。

若你是配角，应积极配合主角，认认真真地演好配角，做到"六不"：不争强；不越位；不嫉妒其他配角；不逃避任务；不推卸责任；不置身度外。要知道，配角是先成全他人，而后才能成全自己。人不可能一开始就当主角，只有当很多次的配角、成就他人之后，才有可能获得崭露头角的机会。生活中，无论人处在哪个集体里，道理都一样。

（三）慎用、少用"反展示"

展示自己的负面称为"反展示"。

有的人，为了更好地展示自己的正面，以起到画龙点睛和增添气氛的效果而使用"反展示"，如故意将某个常见字念错，或说出一些愚蠢无知的话等，这种作法往往收效甚微，甚至起反作用。

有的人，在与他人交往时，为了掩饰自己在某些方面的弱项，表现得很在意，用尽一切方式来表现自己在这些方面并非劣势，甚至摆出高人一等的神态，想以此获得他人对自己的尊重，其实，这样反而暴露了自己的愚昧无知。

有的人用错自己的真诚与直爽，在他人面前故意揭自己的短、暴露自己的劣势之处，甚至说了不该说的话。某个相亲类电视节目里有位女嘉宾很喜欢一位男嘉宾，但在介绍自己时，说了很多自己的短处。最终被男嘉宾拒绝，而后，主持人指出女嘉宾的表达方式不妥，这不但展示不了自己的诚实，而且还会使他人对你的了解产生错位。

乱用、滥用"反展示"的主要根源是人的自我意识太强，太想提升自己，没有考虑他人的感受。解决的办法是不要将自己看得太重，不想当然。只能在自己有较强实力且别人比较了解你的前提下，选择适当的时机、对象和场合，偶尔一用。不过要注意，"反展示"不能常用，只能作为点缀之用，适可而止，用多了别人就不认为你是在"反展示"；另一方面，"反展示"带有一定的幽默成分，需要让别人明白你是在"反展示"。

五、出成绩之后的利与弊

这里讲的"出成绩"指两种情况：第一种是指在自己的职责范围内，工作干得很好，达到预期的目的；第二种是指在自己的职责范围内，工作效果和业绩大大超出预期的目的，或者是被上级委以重任，取得令人瞩目的成绩。以下所述"出成绩"指的是较为突出的第二种情况。

（一）出成绩的两面性

当一个人取得成绩之后，积极的一面是展示了自己的能力，实现了自己阶段性的愿望。不利的一面是容易使自己飘飘然，滋生骄傲、狂妄的心理。

如果口无遮拦、骄傲自满，虽然没说他人的坏话，没有做对不起他人的事，没有直接伤害到他人，但在现实中，有很多人对这种态度和表现感到不舒服、不顺眼、不满，甚至憎恨、嫉妒，在内心上与之对立。这对自己的学习、生活、奋斗、处事极为不利。骄傲、头脑发热会使自己犯错误，这是那些嫉妒你的人最希望看到的。

若出成绩后由于自己的狂妄，忘乎所以，得罪或伤害了他人，或者不珍惜自己而触犯法律，那么，原来的成绩就变成一种罪过。

（二）出成绩之后持有的心态与表现，体现一个人的智慧

1. 正视成绩

虽然你竭尽全力、付出很多心血，取得一定的成绩，确实来之不易；但是，你必须清醒地认识到，你的成绩是在一定的历史条件和环境下，得到贵人的鼎力相助，借助施展自己才华的平台，依靠团队的密切协作，加上个人的努力才取得的；否则，即使人有很大的抱负、很强的能力，也很难施展自己的才华。因此，人出成绩之后要常怀感恩之心，常施报恩之行。

出成绩之后，不可放大成绩的个人作用，不可觉得取得成绩后自己就站在了顶峰。应当明白，山外有山，人外有人，不可飘飘然。有得必有失，应当反思自己在这个过程中的不足与失误，总结经验教训，百尺竿头更进一步，让你的成绩作为另一个进步发展的起始点，而不是奋斗的终点。

这里须强调一点，人的角色决定责任和义务。不能将自己分内之事做得很好当作"出成绩"，并沾沾自喜，因为这是你的义务和责任所在。

2. 不可居功自傲

不能独占成绩，更不能藐视上级！无论受到怎样的表扬，你都要表明这都是领导有方，都是在全体员工齐心努力下取得的。这样，成绩才是自己进步的开

始。在团队里，每个人都离不开领导的鼓励、肯定与支持，不能认为领导要和你一起干才算数。有时，下属需要的仅是领导的一两句话而已。你的上级领导，会在给你布置工作任务前考察你（接受任务的态度），也会根据你取得成绩之后的心态和表现来进一步考察你，加深对你的思想品质和格局的了解。因此，要特别珍惜领导对你做出成绩之后的赏识。不能以为有领导的肯定就可以变得狂妄，也不可整天想着如何让领导赏识自己。这样做人会很累。

人的能力与成绩最终会通过一定的形式展现出来，他人迟早会知道，你可别张扬。领导在大场合当众表扬一个人是领导的一种工作手段和方式。领导者是在树立典型，弘扬正气。虽然受表扬者表面风光，但是对今后工作增加了压力感，也更容易招惹他人说闲话，得更谦虚才行。取得成绩之后，领导和同事们对自己的要求更高了，你须更加严格要求自己才行。人的成绩只是一个起点，为今后工作搭起一个小平台，其平台的支柱还须加固，才能经得起风吹浪打。如果一个人总想将成绩作为某种资本，那他（她）很快就要犯错误了。

人要切记，有功，一定要戒骄、戒狂。否则，会自己害了自己。不可藐视领导，居功自傲。

3. 出成绩之后更要谦虚和低调、学会做人

高高在上的态度，会增加别人对你的嫉妒，扩大对立面。如果整天装出一副只有我才行、别人不行的样子，别人会向领导推荐你去做更难办的事，自己会很苦。

不要以为出了成绩就是有了功劳和资本。甚至忘乎所以，口出狂言；轻视他人，对他人要求太高；常揭他人的短，不断指出单位（公司）的不足；常抱怨发牢骚，向领导提出自己所谓独特的、合理的建议等。所有这些都是在摧毁自己。

要自律和自控，不要迷失在他人的夸奖中。警惕有些心怀不轨的人趁机对你的捧杀，用歪理念对你负面引导，或者用感情、物质等引诱和腐蚀你。避免自己因头脑发热、狂妄自大、藐视一切而多方树敌，或做出错误的决定，走入歧途。

社会很复杂，别人害你，往往是因为你的优秀和成绩"挡"在了别人的前面，或者你所得到的利益引起了小人的嫉妒。而这种嫉妒往往就出现在你熟悉的人当中。所以必须处理好人际关系，搞好团结。要管好自己的嘴，尊重他人，不骄傲。低调与谦虚不会冲刷成绩，相反，会让你的成绩更受认可。

如果把自己永远定位在一生中最辉煌时刻的高度，将其作为今后做人、说话、处事的本钱，这样就大错特错了，因为这样会使人反感。

4. 不要将成绩当筹码

心态要好，立即得到的收获是最有限的。成绩本身就是在展示自己。做出成绩的人不一定马上能得到自己想要得到的，也许是时机未到或其他因素还不成熟。不用急，期望值不能太高。也许上级将你安排到另一个艰苦的地方去开展工作，或者让你去完成一项更为艰巨的任务，这都是对你进一步的锻炼和考验，应以良好的心态和积极的态度面对。

现实当中，没有绝对的公平；不顺心之事，人皆有之。如果你的愿望与现实存在一定的距离时，切不可赌气。赌气是在堵自己的路，赌气是最笨、最无能的表现。与团队、单位、公司、领导、周围的人赌气，会给自己制造强大的对立面，最终会孤立自己。

人应牢记以下三点。

◎ 在这个世界上，别人可以没有你，你却不能没有别人。

◎ 鼓动你与单位、团队、领导、同事赌气和较劲的人是在害你。

◎ 改变自己才有希望，与现实较劲是走"死"路。

想想那些不考虑自己个人利益得失，不辞劳苦、默默无闻地工作，用自己一生的精力乃至付出生命、为人类的生存与幸福做出巨大贡献的人，他（她）们是那么的高尚和无私！我们在安全和稳定的环境里做出的一点点成绩，显得多么渺小！

总之，你取得的成绩犹如一块发亮的玉石，要小心呵护。虽然你无法控制它的亮度；但是，你如何保管，将它放在哪里，让它的光芒不使他人感到刺眼，却是人为可以控制的。办法就是"四要四不"。四要：要低调；要虚心；要感恩；要尊重他人。四不：不骄傲；不索取；不看不起别人；不要挟领导与团队。只有这样，成绩才能成为今后自己进步、成功的新起点。否则，成绩就是走向失败的开始。

　　人都希望在自己的工作岗位上干出业绩，这种精神可嘉。这里提出三点建议供读者参考：一是在社会快速发展的今天，很多的项目都要靠团队的密切协作才行，一个人单打独斗很难取得多大的成绩；二是若未能出大成绩也不要紧，平平凡凡坚守岗位，扎扎实实做好本职工作，少出错或不出错也是福；三是人要努力工作，但不能拼命工作，虽然靠个人拼命工作也许会取得一定的成绩，但是，健康代价太大！

第二章　在学习中自省

学习，能丰富人的知识，开阔人的视野，提升人的认知。笛卡尔有一句格言："愈学习，愈发现自己的无知。"发现自己的无知，即是提升自己的认知。聪明的人须谦虚、自觉地学习，才能避免"聪明反被聪明误"；愚钝的人须努力学习，持之以恒，才能撬开压住自己聪明才智的盖子。人若养成"在学习中自省，在自省中学习"的良好习惯，必有丰富的思想、上进的精神、多彩的生活感受；会使自己和全家人受益，对子女在教育、安全与健康、事业发展等方面起着重要的促进和指导作用，从而生成一种可持续发展的进步力量。

一、不断地学习、不断地唤醒自己

（一）端正学习态度

1. 不骄傲自满

伟人毛泽东曾经告诫人们："学习的敌人是自己的满足，要认真学习一点东西，必须从不自满开始。对自己，'学而不厌'，对人家，'诲人不倦'，我们应取这种态度。"我们必须牢牢记住。

要善于学习他人的长处，主动与学习伙伴交流学习心得，在交流中发现自己存在的问题，在交流中学习。只有交流，才能实现"共享""共进""双赢"。自己的一点经验体会极其有限，集体的经验才是无限的。先把自己的一些经验说出来，会听到、学到更多的经验，有舍才有得。

虚心请教别人，向别人学习，能者为师。只有礼貌、真诚、虚心地提问，他人才能真心实意地为你解答。

谁是能者？向谁请教？这是个大问题。不要请教以下五种人：心术不正的人、嫉妒心重的人、自私小气的人、骄傲自满的人、不学无术的人。他们很难给你提供有用的信息。

学习时，不可有一点体会就沾沾自喜，以为掌握了知识的全部，悟透真谛。须知，学习是一个不断出错、纠正和反复的过程，不同阶段领悟的层次不同；学习无止境，感悟不封顶。

2. 学习是人的终身大事

学习不能一劳永逸、一蹴而就。永远记住韩愈《进学解》中的一句话："业精于勤，荒于嬉；行成于思，毁于随。"伟人毛泽东也曾经告诫人们："情况是在不断地变化，要使自己的思想适应新的情况，就得学习。"这些话我们应时刻牢记在心，并付诸行动。

不断学习，不断收获；一池活水，取之不尽；学习不止，青春不老。

（二）不断地学习，不断地唤醒自己

不断地学习，不断地唤醒自己体现在以下四个方面。

◎ 学习能提升人的认知，促使人从更深层次自省，纠正自己原来不正确的理念，使人生朝着正确的方向不断地进步和发展。

◎ 学习是更新观念，充实生活，丰富精神，使生命处于年轻态的关键。好比电脑的软件不断更新升级；好比人的新陈代谢，新的细胞不断替代旧的细胞。

◎ 学习能激活和唤醒人们原有储存的一切优秀、积极的东西，使自己的知识与智慧时时处于最佳状态，整装待命；而不会使这些东西好像被一层厚厚的坚冰覆盖着，甚至退化。

◎ 学习会使人产生联想，触类旁通，激发灵感；能改变人们长期形成的单一、僵化、定向思维，让人们学会反向和多向（多层次）思考；能将平时积累、内化的一些片段在需要用时串联起来，成为灵感的源泉。

二、"四读、一学、一找"

（一）四读：读书、读史、读人、读社会和现实

1. 读书

自觉读书是人上进的一种表现。读书至少有四大好处：一是开阔视野，增

长见识，陶冶情操；二是学会思考和明辨；三是在读书中领悟人生真谛；四是不断地认识自己，促使自己更深层次地自省，改变自己。

要培养自己的读书习惯、扩大阅读面、增加阅读量、学习阅读方法、提高阅读速度和效果。多读书，多思考，多逛书店。

要学会选择好书、读好书。通过读好书，感受人生真谛，陶冶情操，提高人的品德修养。学会观察、分析、辨别、提炼，不断充实自己，内省自己，提升自己。

应持有健康、良好的心态来读书。切不可将书中的理想希望与现实中一些不合理的现象对立起来，否则，会使自己陷入处处追求理想、厌恶现实、逃避现实、害怕现实的状态中，将自己封闭起来；更不可不加思考，囫囵吞枣，生搬硬套书本上的东西，以为自己学了很多他人不懂的知识，好像自己比他人聪明等，以为多读书就是成功，将书上的一切硬套在现实生活中。这就是人们所讲的"书呆子"。对书中的知识应有所选择，取之精华，去除糟粕，联系现实，灵活运用。

家庭里最好要有一个简易的读书角，最好选在触手可及的地方，放些书本、报纸、杂志、字典、词典等，并经常更换补充。还要备有纸和笔，给全家人创设一种简单的、便利的学习条件和阅读环境，促使大家不知不觉地去学习。闲时、饭前饭后，随手拿起身边的一张报纸、一本书，翻一翻、看一看。学习，是一种点滴积累，平时学到的东西往往成本很低，甚至对现在来说觉得无所谓，可有可无。可是，人很难知道自己今后要做什么，当用到的时候，才会明白学习积累的重要性。

平时多进图书馆(室)。当你走进图书馆(室)时，你会发现自己原来不知道的、不懂的知识是那么多，自己以前学到的知识是那么少，自己对世界的认知是那么肤浅。人只要走进书店，哪怕是走马观花，多少也会有所感触，从而开始去关注它、学习它，得到一些意想不到的收获。

2. 读史

读史为读书的一部分，此处将其单独列出以阐明其重要性。人类高级智慧的一个重要标志是人会学习、继承和借鉴。学习历史，重要的是学习历史的变化发展规律和教训。而历史的发展变化，都是以人为第一要素，都是以事件贯穿始终的。

人应从读史中得到学习、启发、感悟，认识到空有抱负是远远不够的。

历史很残酷，历史的经验教训往往是人们付出巨大的生命代价换来的。人们可以在短时间内读很长一段的历史，因为书本将几百年甚至更长的时间缩短了。结合现状，好像历史与现状对应不上了，这是因为新时代的社会形态、生活环境、生活方式及人的不断变化给人和事物披上特定的外衣，使人难以洞察到事物的本质。其实，在人性、生存、竞争等方面，本质上变化不大，只是表现的方式不同而已。历史事件往往是以道理相同而形式不同的方式反复出现，历史不但在现在重演，也会在将来重演，现实就是这样，令人难以置信却不得不信。

有的人可能会认为，我没有从政，不必读史。然而，读史，并非都是执政者的事。人可以不当官，但是不能不读历史。这里，引用学习历史重要性的两句名人名言。

黑格尔说过："历史给我们的教训是，人们从来都不知道汲取历史的教训。"

索尔仁尼琴："总盯着过去,你会瞎掉一只眼；然而忘却历史,你会双目失明。"

3. 读人

重视学习和借鉴他人的经验或教训。从我们身边所熟悉的人如亲人、朋友、同学、战友、邻居、同事开始研究，个案很多，资源很丰富。让他人的经验成为我们的经验，让他人的教训为我们带来警示。

要虚心向长辈学习。长辈的经历多，积累了很多知识与经验，这些东西很多都是无法从书本、电脑里查到的。经常与长辈接触，真诚地向他们学习，虚心听他们说话，你会有很多意想不到的收获。

交流创造机遇。工作中与我们接触最多的是同行，我们所从事的行业的知识远远满足不了现实生活对我们的要求。我们必须不断地向不同行业的人学习，他山之石可以攻玉。经常与不同行业的人交谈，如与医生交谈，可以学到防病、健康知识；与教师交谈，可以学到教育子女的知识；与学生家长交谈，可以学到他人当家长的经验；与商人交谈，可以学到经济和理财等知识；与政府工作人员、律师、警察、汽车司机、厨师、有一技之长的人等交谈，你会有更多意外收获。

4. 读社会和现实

社会是复杂的，什么样的人都有，有很多不合理的现象。现实是残酷的，现实不在意原因和过程，只在意结果和成败；现实不会培养人，只会筛选人，优胜劣汰。

懂得这些道理，人的一切学习，均要联系实际；人的谋事和处事，不能脱离实际，不能生搬硬套，应当结合当前社会实际，实事求是，灵活运用，才会有效。

（二）一学：学生活常识

这个内容很广，几乎包罗万象，如安全、健康、做人、家庭、婚姻、教育、经商。人必须学习常识，尊重常识，会用和用对常识。忽视对生活（生存）常识进行学习的人，生活代价会较大。这里提出两点注意事项，供读者学习时参考。

◎ 这里讲的常识有别于人们常说的知识，生活中的很多常识很难在书中找到，而是人们总结出来的一些不成文的经验体会。这些经验和体会来之不易。学习生活常识，主要是在社会中学习，在自己的经历中学习，在与他人相处交往中学习等。

◎ 生活处处有常识。生活常识是人生存的第一知识。人从懂事开始，就必须将学习生活常识融于自己的生活、学习和工作中。学习生活常识与人在学校里的学习、今后的工作等不但没有矛盾，反而使人更易融入环境，提高生存质量。家长须重视这方面的指导和教育。

（三）一找：找良师、益友

人的知识、经验、能力都有限，若没有得到他人的指导与帮助，则难有突破。读万卷书，还要行万里路，在行路中学习和找寻良师益友。

真正的良师很难找，绝大部分人根本不懂如何找、去哪里找，往往是因某种机会或缘分使你有幸遇见良师。此时，自己的品质极为重要，好的品质对良师有吸引力；不好的品质会把遇到的良师吓跑！

要学会找益友。在学习中，要学会与他人相互鼓励、沟通、提醒，相互分享学习心得。你可先在同伴中找一位你认为优秀的对象作为自己的榜样,时时与之对比,汲取他人的长处和优点,发现自己的错误或不足,加以改正。一段时间后,如果你原来认为优秀的对象好像没有以前那么优秀,说明你已经进步,与他的差距缩短了,此时不可骄傲自满,继续寻找新的优秀对象,赶超之。

三、简单和实用的学习方式

走走、看看、听听、想想、问问、聊聊。

(一)"十二字"学习方式的意义

"走走"指走出去,走入社会、走入群体,换一个生活环境,访亲问友,参加集会、活动,去出差、旅游等。"看看"包括翻一翻书本、杂志、报纸,看事,看物,看人等。"听听"包括学会听他人不同的看法和意见。"想想"主要指要有自己的思想去思考和辨析。"问问"重在有虚心求教、与人为善的态度,关键在于问谁,问什么,怎么问。"聊聊"主要指与他人交流。

这"十二字"学习方式,能从很多不同的渠道,获得很多有用的信息。有时候,看到、听到、遇到一件事,往往会使自己想起以前曾经忽略或忘记的一些必做之事;或联系到当前正在做的事,使之更加周全和完善;或者对以往一些不解之事,得以启发,变更思路,改进做法,找到解决的办法。有时,听到的一些事件(案例)促使自己反思,不断走向成熟。

通过"十二字"学习方式,不但可以结交朋友、增加见识与学习经验,而且可以调节身心,大有裨益。

这看似简单平常的"十二字",也可以看成是一种"淘宝式"的学习方式。养成用好这"十二字"的良好习惯往往能给人带来意想不到的收获,且具有简单易行、实用有效的特点。这"十二字"都是动态的,从表面上来看似乎彼此独立,实则相互关联。其中,"走走"是这十二个字之首。人们往往需要走出去,才能看到、听到、接触到,而后才能想到、感悟到,唤起藏于潜意识中那些模糊的、被遗忘的、被忽视的但十分重要的东西,也许还会有新的感悟。走走,也是人最普通同时又最重要的一种活动方式，人与人之间在活动中相遇、相识、相互了解，机会也往往在其中出现。

如果人能养成多走、多看、多听、多想、多问、多试并且时时自省的良好习惯，就会给自己带来进步发展的力量，使自己终身受益无穷。

（二）如何与人聊天

这里要重点谈一谈"聊聊，即如何与人聊天"。

与人聊天是一种很好的、很特殊的学习方式。生活中的不少信息、常识、经验往往是与人聊天时学到的。

1. 与人聊天有四个不确定性

◎ 对象的不确定性和多样性，大小人物，三教九流，各有所长。

◎ 场地的不确定性。

◎ 时间的不确定性，什么时间聊，聊多久，事先都无法确定。

◎ 内容的不确定性，讲什么，没有一个主题，天南地北，无所不谈，大家自然会谈自己认为有趣的、重要的、新鲜的话题，说自己想说的话。

这四个不确定性决定了聊天内容的丰富性和多样性。

2. 善于与人聊天的好处

聊天是直接或间接认识和了解人、事、物的一种简易方法。人在放松和高兴的情境里往往不会掩饰自己，会说出想说的话，聊出人内心深处最深层、最真实和最本质的东西，还能增进与巩固人与人之间的感情。

聊天是一种特殊的学习方式。聊天是互动的，人的一生有很多重要的、有用的信息，尤其是很多实用的生存知识和经验往往是在与他人聊天中学到的，如安全、防骗、消除隐患、做人与处事、婚姻与家庭、教育、生活、健康、卫生、饮食知识。人生一辈子，说出来的经验往往只有重要的几条，与他（她）们交谈十几分钟，胜过瞎干一辈子。当人聊到动情时，本来不想说的经验教训也会不自主地说出来与你共享。

大家碰巧在一起聊天，面广、类多、话杂，什么都有。有积极的、有消极的，有正面的、有反面的，大家的看法常会不一致。要学会对聊天的过程和内容进行"回放"，对听到的信息进行判断和筛选，提取一些积极的、有用的、有启发性的信息和生活常识；注意识别和去除一些误导的、偏激的、片面的、消极的、不良的、虚假的信息。

有的人可能因为某一句话的启示（有时人们叫做"话头"），不经意谈及另一件事或某种经验、某种教训，其内容、类别、信息量和价值往往超出我们的想象。大家可以回忆一下平时你们认为头脑比较灵活聪明、人脉资源丰富、生活社交得心应手的人，是不是大多都很会聊天。善于聊天的人，一般都比较开朗和思维敏捷，大多不会固执、封闭、孤立和呆板。

聊天有时会激发人的灵感。倘若平时遇到困惑、百思不得其解、决定不下的事，怎么办？出去"走走"或者与他人聊天都是不错的方法。由于前面讲的聊天的4个不确定性，当他人在宽松的情境下、在不带任何偏见的前提下，说出他们的一些看法或无意中提及一些相应的信息时，我们往往会联系到自己的问题与需要，触发自己的灵感，悟出解决问题的思路和办法。或者当我们说出自己长期困扰的问题时，有时对方会从另一个层面和角度，用另一种思维或处事方式说出令我们意想不到但很有用的建议。真是踏破铁鞋无觅处，得来全不费工夫。

聊天可以缓解、消除人的焦虑和压抑的情绪，释放人的心理压力，有利于人的身心健康。

3. 聊天的四个技巧

◎ 待人需真诚友善，不要有高人一等的神态，别人才愿意与你聊。

◎ 从问好、赞美对方开始。

◎ 找话题，从生活中最不起眼、最常见的开始。吃饭、穿衣、行车、游玩、工作、购物等，话题多的是。

◎ 从对方高兴的、关注的事情谈起。

注意，微信聊天不能完全替代实际面对面的聊天。任何文字、语音，都不能完全代替人与人之间面对面的交流。因为，眼睛是心灵的门户，神态是人的一种感情传递。人与人，见面三分情。

4. 与人聊天应注意的三个方面

◎不要与4种人聊天：人品不好的人、自私的人、嫉妒心重的人、太骄傲的人。

◎与人聊天时不可有居于他人之上的神态，不可否定他人，不可打断他人说话。

◎与人聊天时应有自控力。不可说他人的坏话，不可泄露行业机密，不可说出自己的隐私或秘密；不要过多地讲自己以前的经历和体会等，因为这些与他人无关；不要几句话就引到自己引以自豪方面的话题上来，这会使人反感，觉得你在炫耀自己，在极力表现自己。

四、反复训练

在学习上，有的人只知找方法，却忽略条件和变化，这是"死读"；有的人虽然掌握方法，却怕苦怕累，缺乏有效训练，因而无法形成自己自然而然的东西；有的人求成心切，追求速成之法，这不但学不到真正的东西，而且很容易出偏，这很不好。

学习，须重视反复训练，循序渐进，才能真正贯通，运用自如。孔子所言："学而时习之"，在这里至少有以下两层含义。

第一层，"学"仅是个开始。学，要动脑和动手，将看、读、听、思、做等相结合，形成一个良性循环，才能效果倍增。

第二层，"习"指须及时练习、反复训练、实践，从一次次的动手中发现问题、解决问题。德国哲学家狄慈根有一句名言："重复是学习之母。"不可贬低"反复"的重要性。在学习上，任何人都应从反复开始。"成功来自反复"这句话值得人们好好研究，用于行动。

反复训练需要足够的时间，但每次反复的时间间隔不能太长。反复不像是在做简单的小学算术加法题，也不是"复制"。在反复中不断感受和体验点滴的细微变化，在反复中找到感觉。在反复中不断地出现困惑甚至错误是好事，它能使人们不断深入研究和改进。

反复训练使人熟练，熟能生巧。在反复中反思、质疑、发现、感悟、纠偏、巩固、提升、内化。一个简单的"招式"反复训练千万遍，会变得心手相应，形成自然而然的本能。在这个过程中，错误百出、困惑、沮丧、徘徊不前、放弃的想法等都在所难免。反复训练的过程，是一个充满困惑和曲折、否定之否定的艰苦过程。这时，坚强的信心和不懈的努力显得最为珍贵和重要。须知，一分功夫一分收获，一层感悟一层境界。

在反复训练中，如果你觉得枯燥无味，其实是不得其解或进入瓶颈期，这是因为重要、关键的问题还没突破。这时，只有坚持才能克服、渡过这一难关。像烧开水，沸点不到水自然不会开，不可由于某段时间内的停滞不前而放弃。勤能补拙，功到自然成。人们学习进步的过程不一定是直线上升，往往是折线式、曲线式上升。

五、"无用"与"有用"

（一）一切存在的，都有用

一切存在的，都有用，这个"用"体现在4个层次：一是直接的应用价值；二是起着一定的影响作用，或是负面的警示价值；三是备用；四是让人思考、联想或产生灵感。

（二）"无用之用，方为大用"

人如果认为一辈子学了很多知识、技能和本领，但其中绝大部分却没有用到，还白白浪费了不少的时间与精力，付出了不少代价，这种想法大错特错！

生活中，有些"东西"在绝大部分人的眼里是"无用"的，只有极个别人才能发现它的潜在价值。认为"无用"的原因一般有四点：一是不认识它而忽略之。二是功利心重，看不到它对眼前事物的应用价值而漠视之。三是将其看成一个与其他事情无关的独立体而抛弃之。四是对它抱有偏见或不喜欢而排斥之。

其实，两千多年前，庄子对"无用之用，方为大用"有过很多精辟的哲理，笔者就"有用"与"无用"提出五点看法，供参考。

1. 人必须去做的，即是"有用"

人在少年时，读书，学习技能，学习生存本领，学习做人做事等，虽然这些会给人带来一定的辛劳，又不知道今后用在哪里，但是，你不能认定现在所学的没用，否则是在给自己的逃避找"理由"。

人如果惰性太重，处事前有畏难情绪，以种种借口和理由为自己的怕苦怕累思想开脱，怎么会发展和进步呢？

人的未来会遇到什么、用到什么，都不可预测，怎么知道现在学的是"无用"的呢？只学对现在"有用"的，够吗？

人的功利意识不能太重。若是每每做事，都想马上得到多少，否则就不去努力，这种想法太纠结眼前的得与失，只看眼前利益，忽视今后变化的思想，在很大程度上将自己今后要走的很多条路给堵死了。

2. 生活中看似无用的，往往蕴藏着大用

人应当自觉地学习如何应对今后可能会遇到的危险。学习训练应对地震、海啸、山体滑坡等逃生自救知识和本领；学习防诈骗、暴力及其他人祸等知识；学习行车、坐船等安全知识；学习如何发现危险、避开危险、防患于未然；学习逃生、自救等安全知识。这些防患和求生本领，现在看似没用，一旦用上，都是性命攸关的大事。

未来会发生的事情难以预见，生活中的重大事故很多都是一些不可测因素造成的。人们现在学习的生存本领，有的虽然都没有用到（但愿一生都不会用到，如遇到地震时自救等知识），然而，防患于未然，有备无患，这就是有用。有很多学习、训练后被我们掌握的本领，虽然活了大半辈子还未用到，谁知今后会怎样？如果一个人学习、训练、掌握某种遇到危险的自救本领，却一辈子没用到，你说是碰到让人施展所学的自救本领好还是都没碰到没用到好？傻瓜才想把自己学的自救本领用一用，试一试。提前学习，就相当于我们多给自己买一份人身保险，是一件好事。有些事，到真正需要用到相应的知识与技能时，学习已经来不及了。学习与训练是最廉价的投资，所得到的好处无法估量。

不要认为自己现在所学的知识、所练的本领在当前好像用处不大而忽略它。多学习知识，多开阔视野；多历练自己，多增长见识；多学会一项技能，多一份机会和自信。人的学识、经历和本领，都是生存的资本和底气。人有胆量、有后劲、有自信，是因为人在长期学习、训练后，掌握的本领大大超过了当前的需求。

当然，世上要学的东西有很多，人们永远学不完，不应脱离实际去学很多离奇古怪、不着边际的东西，或者当前需要的不先学，当前不急的却花很多时间去学，将学习的先后顺序颠倒了。所以说，在有可能、有机会的情况下，人多学点知识和本领，很有益处；平时不知不觉接触到、听到、看到的知识，要重视学习和积累，因为这些往往在书本上找不到。

这里，笔者摘录两个名句，与读者共勉。

所有的逆袭，都是有备而来。——《所有的逆袭，都是有备而来》（晏凌羊）

每一次努力，都是幸运的伏笔。——《每一次努力，都是幸运的伏笔》（苏小晗）

3. "读太多的书没用"是歪理

有的人说"读太多的书没用"，并举出一些所谓的"实例"来说明，这是歪理。认为"读太多的书没用"的人至少暴露出自己5个方面的问题：一是骄傲自满，学习态度不端正；二是不但读书少，而且没读过好书；三是死读书，不会运用或乱套用；四是格局小、目光短浅，没有上进心；五是为自己的怕烦、怕苦、怕累等找理由。

学习，是一种积累，不可能立竿见影。这好比烧水，炉火一开，刚开始时锅里的水一点动静都没有，人们不能因此而将火灭掉，否则，锅里的水永远烧不开。急功近利，是学习的大忌。

4. "临时抱佛脚"是一种不得已的办法

有的人认为自己需要什么才来学习什么，不能说这样完全不行，有时也只能如此，然而，如果人的一生都是如此，那就太被动了。一方面，"临时抱佛脚"

学到的东西其效果很有限；另一方面，由于太仓促，很容易犯"慌不择路、有病乱求医"的错误。

5. 业余时间所学的东西，往往很有用

实际上，今后不少用到的，往往是我们在业余时间里不知不觉中学到的。因此，只要不会影响我们的大事、急事，只要不影响自己的学习和工作，利用业余时间，多接触一些不同行业的人，学习一些其他行业的知识，只要是有利于我们的生存、需要和发展的，都是人生的"进账"。

不要因为眼前看似"无用"而忽略，只在乎眼前事物价值大小的人难以有较大的发展进步。那些在当前看来"无用"的，其实是我们现在的认知水平不够，我们不懂。我们应当学会质疑，并且去探究那些现在看似"无用"的现象背后隐藏的道理；去揭示现在看似"无用"事物的内在规律。只有这样，才能有发现与创造，有发展与进步。

人的差别在业余时间。人在工作时间之外，重视学习，自省自纠，这是改变自己、提升自己的一系列重要途径。

六、学习的八点注意事项

学习，反思是关键，用对是目的。这里特提出学习的八点注意事项。

（一）学会批评性学习

1. 学会"择书"

◎先要选择与自己需求相关的书。

◎要选读名著。读名著，读什么？读书中的哲理；读那些具有启迪人们心智的格言。名著，可以丰富人们的学识、让人从中汲取精神营养、净化人的心灵。没读过名著是人生的一大憾事。

2. 学习不是复制，不可盲目全盘接受

书中的一些观点、看法、做法，都是作者从某个角度去写的，都有前提，有的内容具有时代的局限性，或者存在区域性的文化差异，不可能全面、完整，阅读时不可断章取义。有的内容只是理论上行得通，与现实的社会和人还有较大差距；有的内容因人而异，不一定完全适应自己，只能作为借鉴和参考，不能生搬硬套。现代社会很复杂，名人、专家和大师太多，良莠不齐，应学会甄别。否则，书看多了，反而变成"书呆子"或"糊涂虫"。要养成不断审视书中阐述的思想、观点、理念、价值、导向等是否正确的良好习惯，取其精华，去其糟粕，防止自己被书中的人物和思想绑架了。

一些标题片面或偏激的文章，对人的认知、理念、思想意识、精神取向等方面有不良渗透之嫌，应注意辨别，防止被其错误的思想和歪理所误导。

3. 慎对网络的宣传

不可对网络宣传的东西，全盘或盲目接受，盲目跟随。

有些新鲜的东西其实只是处在初始的试验阶段，真正的结果有待进一步验证，一些媒体就把其好处描述得极好，对其不利或过量所引发的问题，以及不同人群、不同条件下用之的利弊阐述甚少，有的干脆避而不讲。实际上，任何事物如食品、药品、生活用品、电器，对某种疾病的治疗方法，某种锻炼身体的方法，某种事情的做法，都要看涉及什么人，是否符合自己的实际。运用时，组合、顺序、时间、数量、方式等不同，效果也不同，有的甚至起反作用。

事物都有正反两面，都有前提条件、有禁忌。人的个体不同，不是任何人都能通用某种治病方法或统一用药剂量的。因此，当你要将其运用到自己身上时，必须反问自己或多问行家：第一，是否真实；第二，是否符合自己的实际；第三，是否用量过度。

4. 用对"权威理论"

孟子曾经说过"尽信书，不如无书"。在运用权威理论时，应重视实际情况的特殊性与变化，这个"条件"指客观条件和个体条件。

我们看到的、听到的，发生、经历过的一切，无不在影响自己的情绪、想法、选择，有些是在冲击着我们的观念，促使我们做出深刻的反思。我们是站在什么样的角度去理解？有何值得汲取的东西？有何感受和看法？有何不足的地方？特别是当你被书中人物及其思想所感染和折服时，不能一直想要模仿书中人物的思想和做法，如果生搬硬套，只会学，不会思，不会联系实际，不懂变化和补充，不会用或乱用、乱模仿，那就会乱套。因此，学习贵在内化、感悟和灵活运用。

（二）耐住枯燥和寂寞

学习任何技术和本领，都有一个较为漫长的过程，并非一蹴而就。在这个过程当中，学习者常会出现枯燥或寂寞的念头，这很自然，这是自己耐性不足的表现。

为何自己心里没有感受到舒服和愉快，反而是枯燥和寂寞呢？其实这种心理感受恰恰说明自己到达耐性的极限了，不过这种极限可以通过一定的训练、提高自己的意志力而得以提升。如专心致志，不浮躁；坚韧不拔，不投机取巧求速成。同时，心里默念"珍惜当下将脱胎换骨"。"当下"来之不易，它是自己之前所有努力的累加。"珍惜当下"可以使自己的心境化勉强为之为自然面对，将被动的坚持变成突破之前阶段性的瓶颈，成为一种主动接受的心境；"脱胎换骨"可以使自己能正确面对成功之前的煎熬，看到战胜困难之后不远处的"彩虹"，变被动接受为主动行动。

（三）学习时应会把握分寸

学习，都有一个循序渐进的过程，根据自己的实际情况，不能操之过急、过猛，否则，会对身体造成负面影响。学习信息技术、数学、物理、化学等理科，吃完饭后不要立即动脑解题，避免引发胃肠病。

还有一种很执着的人，在学习上要求十全十美，然而，这种人在理解书中的语言文字含义方面很容易过了头而产生负面作用。以学站桩为例，书中要求"放松"，可是有的人理解过了头，过度"松"反而变成"懈"或软塌，有的人甚至过分求"松"而产生暗劲，这些都会引起负作用。

学习任何技艺，重要的是坚持训练和研究、自我反思，这可以在很大程度上纠正理解上的不足和错误，把握行动方面的分寸，避免失度。时时自省、处处自省，可以及时纠错。这些是任何一位老师都无法教给你的。

（四）请教他人

学习，总会有请教别人的时候。怎样才能使对方愿意指点你，真心教你，那得看你持有的心态和表现。古人曰："法不轻传，道不贱卖，师不顺路，医不叩门。"当你要请教他人的时候，应主动、有诚意、心怀感恩之心才行。切不可幻想以最少的成本去得到他人真心的指导，或者耍小聪明，想用套话的方式获取他人来之不易的经验，因为那是典型的不诚意和不感恩的表现。

请教他人时还应注意以下五点。

◎ 请教什么人很重要。一是人品要好；二是须有相应的经验。

◎ 请教他人的时机须在对方有空、心情好的时候才行。

◎ 他人提出的意见是否从我们的实际来考虑，有没有可操作性、可持续发展性。

◎ 如果他人的意见不适合你，不能因此而全部否定对方，也许他人分析问题的思维对我们有所启发。

◎ 防止有病乱（急）求医，乱采纳他人的意见。

（五）自学

根据自己的实际与需要自学，这种学习的指向性很明确。不过要注意，自学不是自己关门闭学、独学，必须借鉴他人的经验和长处，虚心向他人请教，重视实践和行动，尝试与体验的环节很重要。

（六）学习不是模仿或收藏

当人们对学习对象很生疏时，开始时的模仿在所难免，模仿是人们熟悉的一个过程。只有通过学习、训练、研究、反思、再训练，即使失败再失败，只要锲而不舍，最终就可能领悟真谛。有的知识，即使讲得极为透彻，人们总还是会觉得缺少些什么，还需要自己去领悟和实践。

不同的人，因其品质、素质、体质等主观因素和所处的客观条件不同，即使学习同一种知识、本领，最终产生的效果也都不同。

注意，学习不等于收藏；收藏不等于拥有；拥有也不能保证该用时能用上。为了使学习的东西，在该用时能想得到、用得上、用得对，需要人们对所学的东西进行训练、反思、感悟、提炼才行。这才叫有效学习。

记得很久以前在课堂上有一位学生问我："老师，书上的空白处为什么那么多？"我当时略停顿了一下，回答道："这些空白处是留给你的。"这位学生思考了一会儿后，点了点头，有了新的领悟。

书上的空白处是留给读者的。其一，书本上适当的空白是一种高水平的设计，能给读者带来很好的阅读体验；其二，这些空白处正等着读者去注解和补充，是留给读者去研究、发现和创造的地方。这是艺术上的"留白"。

（七）学会"反刍"

学习应像牛吃草那样，把之前吃过的草再翻出来重新慢慢地细嚼。这不同于简单的重复。刚学习的时候只是粗学，由于种种因素，往往有不少重要的东西被自己忽略。经过一段时间的学习之后，问题再次出现，此时最好从头开始，去寻找那些老师认为重要的并且反复强调的而自己当时不理解、认为不怎么重要的知识。有些重要的知识，只有在自己经历过、反思过，才能找回原先被自己忽略或遗忘的东西。"反刍"，才能细化和精进。

（八）学会实践与灵活运用

善于实践，坚持学习与训练相结合，道理人人都懂，效果却千差万别。

学习与训练，有时要打打停停，这不是学一天，停两天，而是一个适应、反思、研究的阶段；有时要一鼓作气，正如烧水，如果反复开火、关火，水永远不会开。

要敢于试一试。不少人到一定年纪后，做事时顾虑重重，尝试的胆量在不断地变小，这是一种心理衰老的表现。重视并坚持动手实践、大胆尝试，才能使自己"试一试"能力消退的速度放慢，心态永远年轻。

伟人毛泽东说过："读书是学习，使用也是学习，而且是更重要的学习。"走进去是读书，走出来是运用。人要懂得走进去，也要懂得走出来。

若学了就沾沾自喜，夸夸其谈，不动手实践，那叫纸上谈兵；学了不会用叫"书呆"；学了生搬硬套（模仿），不会分析思考，被表面现象所迷惑，叫"傻瓜"；学了乱用叫荒唐；学了不用叫固执；学了得到启发，能够内省、开悟、善运用叫智慧。

从学习到运用，是一个由理论到实践的转变。须持有一种经得住检验的真学心态。运用时，应注意条件是否具备、时机是否成熟，注意不同对象的特点、行动方式，把握好分寸，准备好应变方案等。

第三章　改变自己

人的生活都会遇到很多事情和困难，或者来自各方面或多或少的压力。如果你想实现自己的愿望，希望得到自己想要的东西，那么你首先必须深刻自省，才能发现自己存在的问题；同时，以正确的心态面对之，树立改变自己的决心，踔厉奋发，笃行不怠，不断地提升自己才行，否则都是空谈。

心态是人生的导航员。你以什么心态看现实，现实就怎么样；你从什么角度看事物，事物就成怎么样；你以什么心态看自己，你就是怎么样。因此，要让自己拥有良好的心态。

一、让自己拥有良好的心态

（一）人的心态决定什么

人的心态主要决定人看事情的角度；人对事物的期望值、承受力；人对事情的权衡（如轻重、主次、顺序等）和取向；说话、处事的方式和分寸；对自己的定位以及对他人、对社会的态度。

（二）树立正确的心态

人看事物的心态折射出其内心的精神世界。人的心态是幸福、快乐之源，也是罪恶、痛苦之根。

以下提出树立正确心态的十点意见，供参考。

1. 改变自己

改变不了环境，只能适应环境。改变不了现实，只有改变自己。幸福首先要靠自己成全自己。

不要发牢骚，牢骚是人的一种发泄，牢骚解决不了问题，坏处很多。发牢骚是最愚蠢、最无能的表现。牢骚传递的是对立的情绪——说了不该说的话，会得罪人、引火烧身，会把自己所做的很多来之不易的成绩抵消。现实中的一些不合理、不良现象，它的形成有其根源，它的消失需要一定的时间。端正心态即为解脱。不要整天拿现实中不好的东西来使自己愤怒，折磨自己；不要老是对已发生的事情耿耿于怀，因为已发生的事已经过去，无法改变。

2. 要有"逆向意识"

调整心态的最好办法之一是养成自己拥有"逆向意识"的习惯，以变化的观点看自己、看事物，做到宠辱不惊。一是学会从好事当中看到暗藏不利因素的一面，避免因大喜而忘乎所以犯错误；二是学会从坏事当中发现潜在有利因素的一面，塞翁失马，焉知非福？不因悲伤而失去希望。

3. 接纳现实

天地本来就是不全，何况社会与人？

电视剧《西游记》里有一个片段，唐三藏师徒取到经书后，在回去的路上，观音菩萨得知唐三藏师徒此行还缺一难后，故意作法让他们师徒再受一难，所有经书都已被河水浸湿。经书晒干后，其中一页粘在石头上，猪八戒顺手一拿，想不到这页经书被撕破，其中一小部分永远粘在石头上。唐三藏深感痛心，此时，孙悟空说了一句让唐僧赞叹的话："师父，天地都不全，何况经书？"世间的一切，难道不是如此吗？

现实就是由很多不平等、矛盾等组成的。现实的残酷性要求人们必须学会适应、学会应对、学会生存，做生活的主人，而不是走极端、厌世，否则只会苦了自己。人不能改变客观现实，只能改变自己。

实际上，人对大自然、对社会的获取，大大超过自己对社会的付出和贡献。世界上任何一个国家、任何一种制度，都存在不足和问题。人应当自省，我对社会做了哪些有益的事，贡献了什么，而不是社会应当满足我的种种需求。一个人对社会的态度，折射出人的"三观"、人品等。

4. 以平常心对自己，以平等心对他人

以平常心对自己：不执着、不贪婪、不自卑、不害怕。

以平等心对他人：不贬低他人、不否定他人、不责怪他人、不说他人坏话。

5. 降低自己对自己、对他人和对事情的期望值

凡事看得太重会产生束缚和忧虑，让人内耗和饱受折磨。

杭州灵隐寺内有一副对联：人生哪能多如意，万事只求半称心。语言通俗易懂，却道出了深刻的人生哲理。值得人们好好参悟。

◎ 降低自己对自己的期望值。期望值与压力成正比，期望值越大，压力也越大。有人说，压力就是动力，这句话本身没错，错的是人们的欲望太强，永无止境，不断地在提高自己的期望值，使自己整天处于高压状态，最终搞垮自己，得不偿失。

◎ 降低对自己、对事情的期望值，这不等于事情不重要。要学会正确运用：既来之则安之；战略上藐视，战术上重视；只要尽力，结果顺其自然；尽人事，听天命。

◎ 降低对他人的期望值。每个人是不同的个体。不要以自己的标准去衡量和要求他人，甚至希望他人做得比自己好。否则，是极为无知和自私的表现。也不要责怪他人，要学会宽容他人，因为每个人都不容易。

6. 知足

人所拥有的，没有绝对的牢固，甚至很脆弱，经不起人为地挥霍滥用；否则，不但会很快失去，而且很难再有。人须知足、珍惜，慎用自己拥有的东西。知足和珍惜是一种特殊的"得"。时时知足，时时有"得"。

知足不是保守与消极，而是享受自己所拥有的，知足是一种平衡的心态。

知足至少有以下四大好处。

◎ 能使人变得更加自信、从容、无惧。

◎ 不易受金钱、物质、名利的诱惑。

◎ 会珍惜自己已经拥有的特别是很容易得到的东西。

◎ 不会与他人较劲或者嫉妒他人。

不知足、太贪婪的人往往会出现以下五种问题。

◎ 对利益，"多多益善"，一定要等到自己承受不住、出问题时才放手，这已经太迟，得不偿失。

◎ 处事时要等到对自己十分有利的情况下才肯下手，此时时机已失。

◎ 攀比心强，生活得很累。

◎ 容易被假象蒙蔽双眼，上当受骗，或步入陷阱，陷入绝境。

◎ 容易被眼前的蝇头小利所吸引，误正事；贪图用最少钱买最好的东西，导致被骗。

人应明白：贪图他人的好处，会丢了自己的财富；贪图他人的高利息，会丢了自己的本金；贪图他人替自己买单，会丢了自己。

7. 树立正确的金钱观

人都有获得财富的欲望，但须牢记取之有道、适可而止。人不可太贪心，有句俗语叫"人心不足蛇吞象"，无止境的欲望最终会给自己带来痛苦！不要幻想不劳而获（假如有，那是诱惑、是陷阱），要靠自己的劳动去获取。永远牢记：见利思患，不贪心、不独占、不违法。

没钱不行，而钱并非万能。钱买不回生命，买不回亲情。在健康时，也要舍得花钱在保持健康上。什么都以钱来衡量会误事，也会活得很累、很苦。钱是人赚的，钱最后也是用来花的，该花就得花。不过要注意的是，有时多花钱也没用。人穷是暂时的，不要一时没钱连走路都低头，说话小声无力，办事没自信。人的一生中，比钱更宝贵的是生命、健康、时间、品质、本领。只要健康、拥有好品德、努力奋斗，钱总会有的。总之，人要有正确的金钱观，走正道赚钱，科学合理用钱。

8. 笑对人生的"苦"

将人生说成"苦海"的说法，易使人产生消极和悲观的思想。

在心态方面，履行人生的责任与义务是一种苦，这是一种必然，是良性的苦，人应以这种苦为荣，为乐，无怨无悔。

在生活方面，人有情欲、希望、追求、感情，不可能长期事事如意，必受心苦；这种苦，每个人的感受、看法、心态、表现各不相同，有的人为此苦而毁灭，而有的人则从此苦中得到磨炼而获得新生。

在行动方面，人在奋斗的过程中受劳力上的苦，也是必然的。劳动过程中的苦，是身体各部分器官协调的润滑剂。人就是在苦的过程中锻炼和成长的。

"苦"并不可怕。去"苦"有两样法宝。

◎ 知足。知足与苦是"死对头"，人一旦知足，苦就"跑"了。

◎ 笑。怨恨、嫉妒、毁谤、打击、痛苦、挫折、烦恼、忧虑、名利、欲望、争斗、较劲等的克星就是笑。一位哲人说过："微笑比电便宜，却比灯的光芒灿烂！"

9. 放心、放下

有些事，你必须选好帮手，放手让别人去做，相信别人也一样能做好，甚至做得更好。不要老是认为自己比别人强。

有些事，你必须放下，即使你很不舍得、不忍心。老是被旧的事情缠着不放不等于有情有义，而是自己懦弱和无能的表现，是对自己的一种变相折磨。有一句话说得很在理："令人筋疲力尽的往往不是事情本身，而是事前事后患得患失的情绪。"人要学会放下。人的每一次放下，都是一次脱胎换骨。

有些事，你必须放弃。当你发现你现在所努力的不适合自己，或所求的本来就不属于自己的东西时，要及时醒悟，放弃不属于自己的东西，这才是最明智的选择。不要纠结以前的一切努力和投入，否则，会损失更多。放弃有时比争取更有意义。

10. 学会面对

重视问题，藐视困难。山高缓步走，路窄侧身过。人与一般动物所不同之处中很重要的一点是：人的办法总比困难多。

（1）要学会面对困难

生活中，困难常伴着我们，旧的问题解决了，新的问题又很快冒出来，这很正常。困难既是考验，也是机遇。若逃避困难，困难反而会增加，最后你还得去面对和解决，这时，错过了最好的解决问题的时机，所付出的代价更大。

（2）要学会面对失败

在心理学里，有一个名词叫"复原力"。人都有一种能够从逆境、失败，以及某些不可抗拒的灾难中接受、应变、自救和恢复的能力。人可以通过学习、自省和磨炼来提高自己的"复原力"。

虽然人生难免有失败，然而，失败有失败的价值。它能促使人们从更深的层次中做出深刻的反省，或者让人们改变思维方式，重新界定问题，审视做事的方向、起点、过程和细节，找出自己真正存在的问题，总结教训。"失败是成功之母"就是这个道理。

其实，有些失败可以补救，无须过于纠结。失败后的心态和定力极为重要，有的人心理承受力差，灰心丧气，一蹶不振，甚至自己怀疑自己，看不起自己，真的是自己将自己打败了。若连自己都看不起自己，还有谁能看得起你？

（3）正确对待成功

成功固然是好事，成功只能说明过去，却不能代表将来，人在成功之后还会遇到很多的考验。

成功了，既要总结经验，也要找出其中的不足；成功了，要学会低调、学会做人、学会奉献；成功了，更要学会感恩，感恩帮助过你的人。切不可目中无人，不可让胜利冲昏了头脑，忘记了在奋斗过程中的艰辛，欲望膨胀，骄傲自满，无所顾忌，心灵扭曲，只喜欢听恭维的话，听不进别人的批评劝告，去寻找不正确的刺激和挑战。人得意时，要想到人也会有失意的时候，不能狂妄，否则，成功将是失败之因。

人应当永远记住这两句很有哲理的话：没人能打败你，只有你自己。最大的敌人是自己。

其实，在生活的诸多方面，平平稳稳、顺顺当当也可以叫成功。

（4）学会接受

你必须去面对自己无法改变的事情，应学会勇敢接受，不必害怕，不必焦虑，顺其自然。事情都有因果，一切皆有定数。

总而言之，人若持有正确的心态，则正能量足，正气场强，心情舒畅，精神饱满，处事顺畅；若人的心态不正确，充满负能量，就会形成很强的负气场，会使自己精神萎靡不振，处事屡屡不顺。因此，人时刻持有正确的心态对自己、对他人和对社会极为重要。虽然他人可以影响你的心态，但是，他人无法决定你的心态，你的心态完全由你自己掌控。

二、改变自己单一的思考问题方式

人的性格、习惯、观念等在很大程度上影响着人的思维，而人的思维会影响对事物的观察、分析、判断和取向。

人们在处事和思考时，不能将自己锁定在某个区域内，或者先带着某种思想与情绪，应先就事论事，不附任何人为因素，把自己放在能总览全局的有利位置上，才有利于思考判断。

（一）单一、定向思维的客观存在与不足

人的思维方式有很多。就反向思维来讲，有换位思考法、改变顺序法、由果溯因法、逆推法、排除法、反求法等。

习惯性的、单一的、定向的思维，会影响人们对事物的分析和判断。

形成单一、定向思维的原因可能是受旧观念、不良心态、固执与偏见等影响，或者思维被现象"绑架"，被第一印象锁定，被先入为主所占据。

这里列举说明单一的、定向思维的不足之处。

有一篇文章写道，一串葡萄，有人认为应该从最大颗吃起，因为每次吃的都是最大的一颗。文中对这种思维给予肯定和赞赏，理由是每一次吃的都是余下的最大一颗。笔者认为，这种说法不全面，所谓的"最大颗"是对剩下的葡萄而言的。也许会有人认为，这样的吃法，下一次吃的比上一次吃的小，不是越吃越小吗？这种吃法是乐观还是悲观，应该视不同人的不同思维而定，不能一概而论。同样，有的人喜欢从最小的吃起，因为他们觉得越吃越大，而有的人不喜欢这样吃，因为他们认为这样每次吃到的都是最小颗的。其实，采取何种吃法，取决于自己的心态。

人们往往以自己单一的、定向的思维去替代他人的想法，这是极大的错误，为何不多问一个为什么？

（二）逆向思维

1973年诺贝尔物理学奖得主江崎博士的故事是一个很好的案例。当时人们已经知道将锗提纯后可制成极为优异的晶体管，但没有人成功。而后，江崎反其道而行之，在原来的锗中加入杂质后再进行提纯，经过反复试验，终于获得成功。

敢于质疑，从多个方向和角度出发，多问几个为什么，勇于实践。试试看，思维的宽阔天地会让你大吃一惊！

主观因素和客观因素对人思维定式的形成影响很大。如果缺乏抗争和改变的勇气，那么人的思维会被生活环境、贫穷等所绑架。有一种说法叫：贫穷不可怕，贫穷的思维才可怕。这很有道理。

应对人或事，要学会用逆向思维看问题，不可自以为是。

（三）用好"相关定律"

相关定律是指，世界上的每一件事情之间都有一定的联系，没有一件事情是完全独立存在的。因此，在解决某个难题时，不能只将思维和注意力放在问题的本身而忽略（或排斥）其他因素的影响与作用。关注与问题相似或者有关的事情，往往会使人触类旁通，找到解决原来问题的方法。

（四）不要在他人预先设下的框架里来思考事情

例如，到店里吃早饭时，服务员问道："你要一个蛋还是两个蛋？"你也许会在一个或两个之间选择。其实答案有很多，比如都不要等。

如果别人对你提出问题，给你3个答案选择，你不一定要在已给定的答案里去选一个（也许根本就没有正确的答案，或正确答案在3个选项之外），或者不回答，或者对原问题提出质疑（反问），对于无法（不能）回答但必须做出回应的，可采取转移话题等对策。

（五）对很久都无法做好的事情

对很久都无法做好的事情，最好是暂停，加强学习；同时，换一个角度去思考，或者改变环境，或者改变处事的模式等。并且从以下四个方面找原因。

◎ 认知是否不够，对问题的理解太肤浅。

◎ 思维方式是否太单一，抓不住问题的重点和关键。

◎ 行动方式是否被自己已形成的习惯锁住，有效性差。

◎ 行动过程中是否把握不好分寸而失度。

这样，才能真正找出问题的主要原因而改变之。

三、驱除潜藏在自己心中的"心魔"

（一）剔除三种自我焦虑

1. 三种自我焦虑

人的压力，产生的担忧、焦虑、害怕等情绪都是自己给的。人都是自己吓自己。

（1）太在意

"太在意"的人往往对关注的事情过度放大，一般有以下五种表现。

◎ 遇到急事、大事、生疏的事、需要找别人帮忙的事等，会惴惴不安，将事情想象得很复杂、很难，想做好又怕出错，设想很多可能和方案，别人每一次强调重要性的话都会给自己增加一份心理压力。

◎ 碰到暂时完不成的任务或无法解决的事情，整天都在挂念，心思无法平静，无心吃饭，睡不着觉。让原本正常的事给自己造成很大的精神压力，内耗太大。

◎ 对今后要做的事过早提前计划，事情越想越复杂，任务还未完成就已身心疲惫。

◎ 对事情总是表现出一种"急相"。

◎ 常常将看到的、听到的一些不良信息拿来与自己比对，这样往往会让自己无中生有，给自己引入负能量，使自己的内部正气场变弱变薄，正气下降、内陷，不利的门户敞开，非常有害。例如，看到电视养生频道里介绍如何防病治病，不自主地将一些病人出现的病症与自己作对比，好像自己也有很多毛病等。其实，自己没病。

（2）预设失败结果

有些人遇到新的问题、责任重大的事情，由于胆小无把握，心理承受力差，压力大，扩大担忧程度，未行动就过度地假设失败后的情景，整天想着失败后怎么办，不断搅乱自己的心思，内耗自己的心力。

"太在意"和"预设失败结果"往往相互伴随出现。这两个缺点过于突出的人，一般睡眠质量较差，胃肠虚弱，免疫力较低，做人处事成本较高等。

事情焦虑的根源：一是胆小，担心将事情搞砸；二是扩过于放大事情的重要性，期望值过大；三是缺乏自信，精神压力大；四是自己不愿接受或害怕正在到来或已经到来的事情。

很多年前某位学生与我交谈时说，自己以前很胆小，经常在考试前，在监考人员宣布考场规则和要求之后，感觉非常害怕，一怕，就感到尿急。恐惧生怯，焦虑与恐惧使人被外部的负气场给压抑住了，外部邪气轻而易举地顺着焦虑与恐惧的通道入侵了人的肌体、摧垮了人的精神。

不要让事情绑架你的思绪，不要让焦虑影响你的健康。人要学会情绪切换，既要会面对，也要会放下，这是一种高级的智慧。

人不可整天担心事情，时机未到，条件未成熟，却被未来要做的事绑架了，活得很紧张、很忧虑、很累，活出很多病来。这叫自讨苦吃。面对现实，不要纠结已经过去的事；立足今天，做好今天的事，明天的事明天办。事情要放在相应的时间段里去做。空想、干着急只会内耗自己、折磨自己。

（3）想入非非

想入非非往往伴随着多疑。有的人整天想还未做的事情，脑子里都是如果和假如，担心、忧虑，甚至虚构、想象出很多对自己不利的、复杂的过程或虚拟事件，而后接着往下想，担惊受怕，使自己陷入一种惶恐不安的情绪之中。如此，自己的心思被占满，大脑得不到有效的休息，心神疲惫，自耗心力、自我折磨。

想入非非、多疑的根源：一是怕字当头，越怕越疑；二是对"对象"不信任，多往坏处或坏的发展方向去想；三是误解别人说的话。

人不要整天去想那些令人感觉不好的事情。给自己输入正确的、良性的思想，最关键的是要修心。想得开，放得下，心一平静，情绪稳定，则气血通畅，精神焕发，身体健康。

这里介绍一种简便实用避免想入非非的小办法。

当自己想入非非时，立即切换思绪、转移注意力。如想开心的事，或看书，或听你最喜欢听的音乐，或做你喜欢做的事。这些令你喜欢的东西不但会迅速占领你的头脑，而且会清除那些负面的、无中生有的、干扰和影响自己心智的烦心事，将那些烦恼、忧虑和不正确的想法赶出自己的心田，给你带来好的心境，思绪回归常态。

2. 消除自我焦虑的办法

以下是消除自我焦虑的办法，供参考。

（1）四个不怕

事情来了，无法改变和逃避，大胆面对是驱除焦虑的最好办法。

这里提出"四个不怕"，供参考。

◎ 不要怕事情。因为生活都是由很多事情组成的，没有事情，也就没有生活。既来之则安之，车到山前必有路。

◎ 不要怕变化。因为事物都在不断地变化，变化是一种自然规律。

◎ 不要怕困难。因为困难就是挑战，困难就是机遇。

◎ 不要怕失去，有失必有得。失去之时，也是自省之时。如果不是你的，失去则是自然的事，无需纠结；如果由于自己出错而失去，那么你得到的是经验；如果由于自己不珍惜而失去，那么你得到的是教训。

（2）寻找正能量

找一首自己平时较为熟悉的催人上进的歌曲，让其不时在自己耳边响起，或者找名人名言鼓励自己，或用自己内在的力量战胜焦虑，用自己的话鼓励自己。如"已经来的，即将过去；越是艰难，越快过去。""事情总会过去，我心安然。"

人一早醒来，面对的都是事情，生活就是面对各种各样的事情。人在做事中度过自己的一生。事情就是事情，能驾驭事情的人是高人，不能驾驭事情的人活得很累。不顺心之事总会有的，害怕和担心会赶走自己身上快乐幸福的因子。人应以自信、大胆、积极、喜悦、上进、发展的心态面对社会和生活中的人与事，才能活得自在。

（3）加强学习，历练自己，自省自纠，提升自己的实力。

（二）生气和冲动首先伤害自己

脾气不好，首先受伤害的是自己。脾气不好的根源一般有以下四点。

◎ 性子急。

◎ 期望值太高，太在乎，将结果看得太重。

◎ 自我意识太强，心胸狭窄，排他性强，经常抱怨与责怪他人，不会宽容他人。

◎ 自己对事物的理解、看法过于偏激，脱离实际。

改掉自己坏脾气的关键，首先是自省。不要责怪他人，多找自己的原因；多看到他人的优点，少看到他人的不足；多谅解他人，对他人的要求不要太高。

智者与愚者的一个重要区别是，智者虽然也有生气的时候，但是会克制；愚者生气时，容易冲动。

人的最大定力体现在自控力。人的冲动最为可怕，在冲动面前，事实、后果、情理、法规、逻辑等显得苍白无力。冲动会使自己失去理智，情绪失控，出现不该出现的过激言语、过激决定、过激行为，会说出曾经告诫自己无论如何都不能说出的话，会做出自己曾经立下的无论如何都不能做的事。冲动是魔鬼！冲动容易使人"奋斗一辈子，毁在一下子"！

（三）避免冲动"一、二、三"法

一般来说，当事情与自己的期望值相距太大，或自己的权益受到侵犯，或人格受辱，自己接受不了，或自己出现欲、骄、喜、怒、怕、急情绪的时候，很容易引发不良情绪而冲动。学会控制自己的情绪很重要，很难！这里，笔者提出一种避免冲动"一、二、三"法，供读者参考。

保持"没什么大不了"的心态，先让自己沉默一分钟。

坚持二不：不将事情和得失看得太重；不做任何决定和行动。

及时从自己身上寻找三点原因：一是自己是否误解了他人；二是自己听到的、看到的是否只是假象；三是也许自己的理解和判断有问题。

当自己冷静后，再寻找比较妥当的方法来解决。此时，你会发现，自己很优秀，你会为自己的理智而自豪。

（四）消灭"极端心态"

心态决定情绪。人的极端心态会引发冲动的情绪！人在情绪冲动时会将自己平时清醒与理智时所做出的决定和提醒忘得一干二净，甚至明知不可以也强行为之。消灭"极端心态"首先要做到的是不要将自己看得太重，具体表现在以下"九不要"。

◎ 希望不要太大。

◎ 要求不要太高。

◎ 索取不要过度。

◎ 利益不要太贪。

◎ 看法不要太偏。

◎ 过程不要太急。

◎ 处事不要太绝。

◎ 为人不要太骄。

◎ 做人不要太犟。

（五）消除贪欲心

人因为贪欲，才会被诱惑、被欺骗、心存侥幸、不择手段等。无论是婚姻、投资、与人合作等，都不要贪求他人的优势（如外表、财富、权势等）。如果你想利用他人的优势，自己也得拥有对方所欠缺的优势或其他的价值，这叫优势互补。否则，叫空想。在获取自己需要时要注意以下四点。

◎ 适可而止。过度，事物会向相反的方向转化，好的会变成坏的，这是自然规律，任何人都改变不了。现在有的人做事老想在顶峰时才收手，想"赚完最后一个铜板"才罢休,最后却输得很惨。

◎ 不要一直想赚那些不用流汗、极为轻松的钱。否则,轻者,碌碌无为;重者,容易上当受骗,或走上犯罪的道路!不要有小投资获大回报的想法和做法。须知,若让利和优惠越多,则不足或缺点也越多,风险也会越大。不劳而获的东西是危险品,付出代价只是时间问题。

◎ 无功不受禄。不可无缘无故接受他人馈赠的钱物或接受他人的宴请。无功受禄,会给自己埋下隐患。如果贪图小利,今后若遇到别人向你提出超越原则的、强人所难的请求,拒接的难度会很大。贪图小利出大事故的具体案例不胜枚举。

◎ 君子爱财取之有道。人的利益不能建立在让他人遭受痛苦、侵吞他人正当权益和利益,甚至是违法违纪的基础上。

还要提醒的是,不能将"贪"仅定义在金钱上,还有很多方面如权、利、物、色、虚荣等。人一起贪欲,祸害将至。

(六)懂得"走出来"

1. 人应懂得从大喜或成功的狂热中走出来

人在大喜或成功之时,应头脑清醒并且明白:有得必有失。学会反省自己在奋斗过程中被忽略的重要事情,甚至是一些失误,并加以弥补和纠正之。

2. 人在大喜或成功之时,更应学会识人

人在大喜或成功之时,做人应更加谦虚和低调,处事应更加谨慎和小心。因为在你的周围,除了真心祝福你的人外,往往还会出现以下四种人。

(1)嫉妒你的人

他们可能会说些风凉话,话虽然难听,但是这对于你却是一种提醒,无论你有多么不高兴,要学会将他人对你说的讽言讽语当成镜子和警钟。

(2)居心不良的人

有的人内心怨恨你、极度嫉妒你,巴不得让你头脑发热、继而做出错误的、荒唐的决定,将好事变成坏事。巴不得你尽快栽倒的人,会给你设局,而你正处在狂热的状态中却浑然不知。如对你吹捧,不断给你所谓的"壮胆",让你高兴、骄傲、心动、狂妄、目中无人;或者"点子"很多,劝你干这干那(如乱投资),

去不该去的地方（引你染上恶习），认识、交往不该交往的人；或者用歪理念对你进行洗脑等。

这种人确实存在，很可怕，虽然人数不多，但是已足够让你毁灭。故而须小心、冷静、理智、知足、谦虚、低调、礼貌，走出狂妄失态、愚昧无知的误区，自律、自重，懂得识别、提防小人。不要草率做出任何决定。

（3）讨好你、巴结你，想从你这里得到什么好处的人

这种人虽无恶意，但势利，不可深交，表面应付即可。

（4）求你帮助的人

这要看帮助什么。强人所难、超越原则与底线的，该拒绝的就要拒绝，不能糊涂。对于正当的、能做得到的，人品好的人，该帮就帮（注意分寸），被人求总比去求他人好。对于那种一而再、再而三的求你帮助的人，应看情况应对。

3. 人应懂得从痛苦和悲伤中走出来

人生总会遇到困难、挫折和由之带来的痛苦。人遇到困难、挫折、失败时，一些倒霉的事可能会随之而来，也许还有平时嫉妒、仇视你的人拍手称快、说风凉话，甚至落井下石等。倘若此时从坏处一直往下想，整天沉浸在痛苦、自责、自暴自弃、怨天尤人当中，这会是一种典型的自残方式。

心宽事小，心窄事大。人要大胆面对实际，接受不可避免的现实。接受就是敢于面对，承认事物存在和发生的现状；接受是一种顺势圆滑的衔接，是让对象（或事物）软着陆。

记得一篇文章里有句话写得很好："当你因为没有鞋而沮丧的时候，你要知道，有人连脚都没有。"你遇到的困难或挫折不是全世界最糟糕的，可以改变。"凡墙皆是门。"打开门的钥匙深藏在自己的心中。人的智慧一定胜过困难。

四、以"常态心"应对"非常态事"

人生即生活，生活的过程就是看事、谋事和做事的过程。从变化的角度来说，事情有"常态"和"非常态"两大类。一般地，在人的规划中，或者预料中的事

情即为"常态"之事；否则，即为"非常态"之事。"非常态"之事比"常态"之事更为复杂，突发性更强，人们比较难以应对。人必须拥有以"常态心"看"非常态事"的良好心态；持有以"常态心"接受"非常态事"的心理承受力；具备处理"非常态"事情的能力。

（一）事情都会变化

一切事情都会变化、都在变化。事情的变化，有时使人意想不到，还会伴随着其他的人和事的出现；事情的变化，会影响人的心态和情绪，干扰人的思维方式，打乱人原来的行动节奏。这时，人以什么心态去看已发生变化的事，决定人将什么因素放在首位，以及使用什么样的思维方式和应对方式。人对事情的应对方式，决定事情将朝哪个方向发展。

这里主要谈两点。

一是已经安排好的，或者决定的事情，若时候未到，有时会发生改变。

二是正在做的事情，有时也会发生变化。

1. 还未做的事情都可能会变化

已经安排好的，或者决定的事情，若时候未到，事情往往会变化。这是因为事情本身无时无刻都在变化，客观条件的变化会对事情本身产生影响，人想法的改变也会使事情变化。

因此，人们必须注意以下三点。

第一，人必须有事情时刻在变化的思想准备，以应对突如其来的变化。

第二，提前的时间不可太早，并且准备时要给事情留有变化的余地。

第三，事情不到最后一刻，不要急于下结论或做决定。

2. 正在做的事情有时也会因为变化而打乱原来的计划

事情发生变化可能是因为人为主观因素的影响（如恐惧、慌张，或粗心、急躁，或过于狂妄、侥幸心理、忽视规则，或用错方式、失度等）；也可能是由客观条件的变化所引起；还可能是事情内部因素发展所致。

因此，人们在做事情时，须考虑主观因素和客观条件。就主观因素方面，如不骄傲、不自以为是，对事情的期望值不能太大，才能避免因骄傲和在意等因素而导致选错时机，违背自然规律，用错方法或失度，或产生担心、害怕和急躁等心理，使自己情绪紧张，导致思维混乱或出现盲区等，将好事变成坏事。

客观条件的突然变化也会导致事情的变化，这是常有的事，无须担忧和慌张。当客观条件变化时，必须对原计划作出适当的调整或改变。

世间万事万物时刻都在变，无论是人已经安排好的，约定好的，或正在做的事。事情发生变化就是在提醒人们：必须重新审核原定的行动方案，考虑是否作出适当调整或者放弃；必须反思或改进自己原来的行动方式；必须注意眼前事情的变化给其他事情带来的影响，考虑是否对其他事情作出相应的改变。

（二）大胆应对一切突发事情

1. 意想不到的突发事情

意想不到的突发事情在很大程度上影响着人的情绪。情绪往往左右着人思维、能力的发挥，影响着人的忍耐力、注意力，支配着人行动的准则、判断和决定。

当人的情绪激动时，会使原来较为稳定的性格和习惯变轨，改变人原来理智、正确的想法，甚至超越原则和底线而作出荒唐的决定！

当一些我们无法预料的事情在自己身上发生时，事情来得突然，没有思想准备、不明白的，一时无法找到有效应对的措施，很多人出现思维空白，心慌意乱，焦急害怕，乱了方寸，顾此失彼；或情绪失控，将事情搞砸；或重复出错，好比"摔倒后慌张爬起来又再摔倒"！当事情过后，自己心疲力尽，静下心来反思时，才发现自己原来不应该将事情搞得这样糟。其根源是刚开始时自制力不够，胆小、紧张、急躁、情绪慌乱，不会冷静思考应对所致。

当不可预测突发事情的到来时，以平常心态，冷静和大胆地面对是第一要素。因为胆量决定人看事、处事的心理状态和情绪。如果心态端正、情绪稳定、实事求是、冷静分析原因，注意轻重缓急和顺序，则可以消除很多隐患，或转危为安，或事半功倍；如果人情绪冲动、焦急害怕、慌不择路、偏激草率，势必造成错误判断，继而在取向、定位和选择或行动方式上出错，那样会很糟糕。

2. 接踵而来的突发事情

人在做某一件事情时，有时还会遇到另一个接踵而来的，与原来无关的突发事件。这时，人对其他随之而来事情的心态、情绪和应对方式，往往会对原来的事情起促进作用，或起干扰甚至破坏作用。

（1）促进作用

其他事情的突然出现，有时会促使人们发现正在做的事情中一些不够成熟的条件，加以补充和完善；有时会使人发现一些细节上的漏洞并加以修复，发现存在的隐患而得以消除，它将促使人将原来的事情做得更好。

其他事情的突然出现，有时会迫使人停下正在进行中的事情，如果前一件事是执行错误决定的事情，反而是一件好事；可能会使人醒悟，促使人重新反思原来处事的方向、思维角度和方式、行动方式和切入点等是否合理正确，避免在错误的道路上越走越远。

其他事情的突然出现，有时还会勾起人们对以往一些困惑事情的回忆而产生某种灵感，有了新的发现，从而解决了问题。

（2）干扰甚至破坏作用

其他事情的突然出现，往往出乎人的意料。它会干扰人们原来做事的正常心态、情绪、注意力和视线，或使人大喜，或焦急慌乱等，而出现盲区；它搅乱人的正常思维，偏离原来正确的方向与目标；它会使人行动粗心、失度，处事的环节乱了套；它会使人将原来不难的事情变得越来越复杂，从而导致连环出错，将事情搞砸，成为出事故的诱因。如果之前人们是在处理解决一件坏事，弄不好还会雪上加霜！如果你对其他事情的突然来临太在意，情绪波动越大，前面所提及的给人带来的影响可能越会更加突出。

人们必须明白，每一件事情的到来都有其因，"因"决定着事情变化的性质和方向，会形成一定的运动轨迹。而轨迹上的每一个"点"的变化又将成为产生另一件事情的"因"，由此反复循环。

因此，每一件看似独立的事情背后，往往会关联着其他潜在的变化因素或不可预测的因素。已经到来的事情无法改变。人要有应对突发事情或接踵而来事情的心理承受力和应变力。遇事不慌，稳定情绪应对之；处变不惊，避免惊慌失措而出错。这样，人就能将一切的突变看成是一种自然变化，而不是突然袭击，从容应对，从事情中寻找对自己有利的因素而灵活运用之，发现不利因素加以防范或转化，将事情做好。

（三）事出反常，必有缘由

1. 事情不顺，未必是一件坏事

例如，有一对夫妻要到外地旅游，走到小区大门时，丈夫发现自己忘带手机充电器，当他跑回房间取充电器时，发现由于原来走得急，房间的空调还开着呢……

如果从表面上来看，事有不顺，似乎不好，但是，若从其他方面来看，不见得是件坏事，塞翁失马焉知非福；也许还会意外发现其他与事情本身无关的问题，反而是一件好事。

2. 事出反常必有妖

如果事情发展与自己的意愿相违背或反常，必有问题。应及时抓住这个时间节点，暂停并冷静地从五个方面自省：一是处事方向、思维方式或行动方式是否正确；二是自己在考虑事情时是否忽略某些重要因素；三是在实施过程中的细节要求是否真正落实到位；四是客观条件是否变化或是否存在干扰因素；五是自己对事情的判断是否准确。而后寻找解决问题的办法。若找不到原因，则停之、避之、改变之。

五、提升自己的良好形象

人应注重学习和历练，提升自己良好的个人形象，给他人好的感觉和印象，这将使自己的生活和处事更加顺畅，不断走向成功。

（一）提升自己的外在形象

在与别人的交往中，我们可以从对方外在的形象——仪容、神态、服饰、谈吐，以及对别人持有的态度等方面，看出对方很多方面的信息：如关注或游离，接纳或排斥，大度或小气，从容或焦虑，自信或自卑，大胆或胆怯，坚强或懦弱……

虽然对别人的感觉和印象不一定全面或完全真实，但还是在很大程度上影响着自己对别人的看法和评估，并且相应地影响自己与别人交往的方式。反之，别人也往往从你的外在形象所显示出的信息对你做出初步的评价。

人的外在形象在一定程度上影响办事的效率。衣着得体，两眼炯炯有神，能显得人特别有精神；神态自若、面不生怯，能显得人稳重从容；说话流畅、表达清楚，能显得人胸有成竹；待人礼貌、举止端庄，能显得人有修养；走路昂首挺胸，能显得人有自信。这样，他人一般不会轻视你，处事时能更加顺畅。

（二）提升自己的内在气质

人不但要提升自己的外在形象，更要提升自己的内在气质。神态沉稳、仪态庄重，良好的内在气质让人时刻都散发出正能量，更能展现自己良好的形象。

《现代汉语辞海》里对"气质"的解释是："人的心理活动和行为方式在强度、速度、稳定性、灵活性方面的动态特征的综合。"生活中，大部分人往往较难完整地说出什么叫气质，这并不太重要，重要的是，人必须明白"气质"至少由以下因素组成：品德、性格、思想、意志、心态、心胸、阅历、学识、胆识、修为、实力等。并且对照自己，从中找出自己的弱点和不足，改变自己。同时，学会做人，提升自己的教养；加强读书学习，提升自己的认知；努力拼搏，增强实力，提高自信；历练自己，敢于面对困境，对生活充满信心。只有这样，才能提升自己的气质。

六、改变自己的惰性

每个人都存在不同程度的惰性。人的惰性主要表现在三个方面：一是思想上的惰性，不珍惜"当下"，整天幻想着未来；二是做事自己不主动，老想依赖他人；三是不敢迈出关键的第一步，畏难、怕苦和怕失败。

惰性太重的人很难有抓住机遇的能力。惰性太重的人即使想到必须改变自己的某些缺点，或者必须着手做一些该做的较为重要的事情，也往往由于缺乏坚强的意志和行动，最终还是流于形式，没效果。

改变自己，其中最重要的一条是改变自己的惰性，做好"当下"，因为"当下"

决定未来。人必须明白现在自己该做什么，才能把握住"当下"，避免错过时机；人更要敢于行动去做现在该做的事，因为"知道"是一回事，而"做到"却是另一回事。生活中，因"知道"但做不到，失去最佳时机而追悔莫及的，大有人在。

七、提升自己的自控力

人须提升自己的自控力。简单地说，自控力是一种控制自己言行和欲望，抵御外界诱惑的能力。提升自己的自控力应重点突出两个坚定：一是思想认识上的坚定，如什么话不能说，什么事不能做；二是具体行动上的坚定，坚决执行自己原来正确的决定，毫不动摇。

有的人在遇到事情的时候，开始时明明知道自己要坚守什么、不能做什么，却不知何原因糊里糊涂地做错了，事后才感到后悔莫及！原因是从人产生想法到决定，或者展开具体行动，存在一定的时间差，在这期间，人会受到他人（歪理、诱惑等）或其他客观因素的影响和干扰，在具体行动时又容易因自己的骄傲、畏难、贪婪等弱点，导致心态、思维、取向、情绪上的变化而草率作出决定，最终导致犯错。归根结底是自己的自控力不强，意志力薄弱。

人在遇事和处事时，从起初想法正确到最后的行动正确，必须有坚强的自控力保驾护航才行。

人的自控力可以通过平时不断自省、学习和修炼得以提高，如坚定信念、淡泊名利、坚持原则、不怕麻烦、耐住寂寞、拒绝诱惑。只有改变潜藏于自己内心深处的弱点，如畏情、焦虑、急躁、懒惰、怕苦怕累等，剔除心中的狂妄、虚荣、贪婪和侥幸心理，才能战胜自己。

八、良好的行为习惯比事前的反复提醒更有效

（一）人应养成良好的行为习惯

1. 正确的认知

人的认知决定行为习惯。例如，有的人认为脚底有很多穴位，刺激脚底穴

位有利于人的健康,因而每晚都要在搓脚器上搓脚,长期如此也就养成一种锻炼身体的方式和习惯;有的人认为晚餐与隔天早餐的时间相距很长,因而养成每天晚上睡前都要吃夜宵后才休息的习惯。这都属于认知方面的习惯。在笔者看来,前一种是好习惯,但必须把握好锻炼的时间和强度;后一种的做法和习惯不好,不利于人的健康。

2. 生活习惯

人要反省和改变自己不良的生活习惯,如走路时低头、弯腰、耸肩、拖鞋后跟;坐时跷二郎腿、抖腿、只坐椅子边沿;吃饭时将筷子在盘子里挑来挑去,好像要在盘子里找什么,或者将汤舀起来再将汤倒回去,好像要在碗里打捞什么宝贝,或者边吃饭边与旁人大声说笑等。

这些不良习惯不但影响自己的健康,而且损害自己的形象。

3. 喜好

人的喜好决定行为习惯。笔者有一位大学的同学,读大学时,每次午休和晚上就寝前后都要用梳子梳头,因为他觉得这样做很舒服,几十年过去了,这位同学的头发保养得很好,白发很少。另外一位同事,平时喜欢喝啤酒和吃松花蛋,将两者混着吃、经常吃,很多年后,身体健康出现了不可逆转的大问题。笔者认为,人应学会反省自己平时的喜好,改变不符合自然规律、不健康的喜好,让自己的喜好给自己带来健康和发展。

必须说明的是,由于每个人的性格、经历等不同,处事的行为习惯会有所差异,不能片面评价他人的哪一种习惯好或不好。例如,在学习方面,有的人早晨起床后背一些英语单词效果很好,而有的人则安排在下午或晚上效果较好。一般来说,只要符合自然规律,符合科学基本常识,选择什么样的行为习惯,因人而异。

一个立志有为的人,一定要反省自己的各种习惯,发现和改变其中的不良习惯,让良好的行为习惯给自己带来安全、健康、好运。

(二)良好习惯的益处

习惯的好坏,直接作用于自身的气质、健康、安全、人缘等。

习惯，是一种积累与生成。将良好的行为习惯用于学习，可以少走弯路；用于与人交往，可以获得更好的人缘；用于工作，能减少压力，使工作过程较为顺畅；用于日常生活，可以使我们少犯错误，更加健康、安全、良好的行为习惯可以使人朝着正确的方向前进，是人生的一大财富，具有很好的可持续发展性。例如，从小就养成锻炼身体的良好习惯，终身受益无穷。

良好的行为习惯可保平安。如网上传的"荷式开车门"法，值得学习和借鉴。

由于不少司机在开车门下车的一瞬间忘记查看车外的情况贸然开车门，后面高速行驶的车辆根本来不及避开，引发事故惨剧。荷兰人针对驾驶员因"开车门"导致的事故而采用一种减少事故开车门的办法，操作方法是驾驶员用距离车门较远的那只手开车门，即左驾用右手，右驾用左手。其好处是当你用距离车门较远的那只手开门时，上身的头部和肩膀会自然而然地转动并向外、向后看，可以最大限度地避免后面行驶的车辆撞上车门导致意外事故发生。这个方法很简单，不过要养成习惯才行。

我们平时必须注意学习、研究，养成良好的行为习惯，使自己生活得更顺利，活得更健康。有责任的老师会重视培养学生良好的学习习惯，达到事半功倍的学习效果；有经验的家长会重视培养孩子良好的行为习惯，使孩子受益一生；有经验的医生会重视了解病人的吃、穿、住、行等习惯，以便更好地诊断病情，正确用药……

（三）习惯成自然

良好的习惯比事前的提醒更有效。

不良的行为习惯是一种长期的、点滴的负积累，对自己处处干扰、消耗，处处埋下隐患。人的命运，成功与失败，有时仅是习惯而已。

很多道理，明白是一回事，愿不愿意改正自己原来不良的习惯是另一回事，采取什么样的改变方式更是一回事。持之以恒使之转化成自己自然而然的本能才是最重要的事。

良好习惯使人终身受益，它的"利息"极高，不可估量。坏习惯使人一辈子屡屡受挫，老是为不该有的错误买单。养成良好习惯的关键时期在青少年时期。这里笔者摘录三位名人的格言，与读者共享。

◎ 史蒂夫·乔布斯："在你生命的最初 30 年中，你养成习惯；在你生命的最后 30 年中，你的习惯决定了你。"

◎ 亚里士多德："人的行为总是一再重复，因此，卓越不是单一的举动，而是习惯。""优秀是一种习惯。"

◎ 培根："一个人若具备许多细小的优良品质，最终都可能成为带来幸运的机会。"

这里，笔者不妨添上一句：习惯胜于提醒，自觉胜于督促。

第四章　把话说好是人的大智慧

言为心声，人一开口说话，就向别人传递自己的情感、态度、心地、性格、习性、喜好、需求、观念、价值取向，以及关注什么样的社会问题和生活问题等信息。

语言的威力极大，它具有很强的穿透力——直达人的内心深处，诱发人的情感，左右人的思维，作用于人的精神世界，如鼓舞激励、教育警示。由此可以产生很强的感应力、生命力、号召力、战斗力……有时一句话，可以诱发人的灵感；有时在关键时刻的一句话，可以拯救一个人；有时一句错话或坏话，也会造成很多冤案、错案；有时无意或者脱口而出的一句错话，不但会使自己前功尽弃，而且还会引火烧身！"位置"越高的人，说错话给自己带来的危害性越大。

学会把话说好太重要了。对方很少明白你说话时的客观实际，也不清楚你内心真正的想法，一般都从自己的感受和想法去理解和揣摩。生活中，说不清楚的事实往往会被认为是谎言，讲不明白的道理往往会产生谬误！

因此，人单会做事不够，还要会表达。好心，还要加上好嘴。人的心地好，别人看不见，把好心的话说出来，别人才能真正感受到。人的心地好，再加上说话态度诚恳、语气和蔼、懂得赞赏鼓励他人，好比在一碗清汤里加入适量的调料，让人喝下后顿感清爽可口；若人的心地好，却不会表达，沉默寡言，这也好比一碗白开水，不会吊起人们的胃口；若人的心地好，可是表达不好（态度严厉、抱怨、责怪、使用不礼貌的语言，喜欢说意思相反的话等），好比在一碗清汤里加入过量的盐，让人喝不下。

一、学会把话说好

人与人之间关系发生微妙的变化、产生不同感情上的感受，或者发生矛盾、争吵甚至是结仇，往往只是因为不经意的一两句话，甚至是一个词、一种语气。因此，通过说话来正确表达自己的思想是一种智慧，体现了人的教养，是一门极为深奥的为人处事艺术。做人，从学会把话说好开始。

人最难的是说真话又中听。这里所说的中听的话并非指投机取巧、恭维、拍马屁、虚伪的话；而是指发现他人积极的一面，真心实意说的肯定、赞扬、鼓励的话。

这里必须提醒的是，在人际关系中，好话无法抵消错话。伤害他人的一句话，会摧毁已建立好的彼此之间的良好关系。人的内心有多好，他人看不出来，即使对他人说了很多好话，但不小心说了一句不尊重甚至是伤害别人的话，就如同在一盘清水中加入一滴墨水——全变黑了。这和"功不能抵过"的道理一样，这就是现实。总想表现自己的聪明或对别人真心的人最容易不小心说错话，而后花了不少时间和代价向别人解释和证明自己曾经说的话没错，但在别人看来，这是徒劳。

（一）口才是人综合素质的外露

口才的好坏不是指会说很多的话，而是人内在积累的表现，涉及很多方面的知识、阅历、经验和能力等。口才需要训练。好口才对自身的要求很高，包括情商、思维、能力、知识储备、口语表达能力等。不但要把握好说话的时机、场合、内容、方式、语气、姿态、详略等因素，还要兼顾说话对象的心理、需求、情绪等。

有的人事前准备了很多想说的话，结果只讲几句，言简意赅，把最主要的话简洁地表达出来，不浪费口舌，避免言多必失，这叫有备而讲。而有的人事先将问题看得过于简单，忽略了人的情感及其他客观因素，原本只想讲几句，结果越讲越多，不少话是在重复或解释前面已经讲过的话，出现的失误也越来越多，别人越听越不耐烦。

（二）"话太多"与"话太少"

言多身微，言多露底，言多必失。

话太多的人的一种典型表现是好为人师。误认为别人的沉默是无知，总想指导别人，这样很不好。如果别人认为你的这些感悟和经验最多只是一些常识而已，甚至有些还不成熟，带有片面之嫌或有误导的倾向，这不但会贬低自己，而且还会使别人给你贴上"无知"的标签；若别人无法理解，你讲多了也没用，甚至引起别人的反感和误解。

话多的人的另一种表现是，没事找事，问了很多不该问的话，使人讨厌、反感。

与他人初次见面时，话太多还容易使他人对你产生一种"这个人不怎么样"的感觉，这对自己很不好。

你对别人说话时，不可不顾及对方的感受，总是将自己要说的话全部说完才罢休。如果别人始终保持沉默，有以下几种可能：不明白你真正在说些什么；不清楚事情的真相所以不发表看法；不赞同你的看法；认为你所讲的信息已过时，或内容很一般，没多大价值；或者对方不喜欢与你交流等。当别人沉默较长时间时，你须住口。

"话太多"的极端是"话太少"。话太少的人在情商方面显得有些欠缺，让人觉得"冷"。有时人家是在等着你说，等着与你交流感情。生活中，无论是在处事、工作，还是与亲人之间的互动中，有很多人说出的话在表面上看来好像用处不大甚至是"废话"，其实正是这些好像没用的话，构成人际间感情的血与肉。因为人需要情感和声音。人与人之间感情的建立，是从声音、表情开始的。例如与人打个招呼，表面上好像没有什么实际作用，其实是彼此之间传递感情的一种方式。

话太少有很多弊病，比如以下四点。

◎ 与他人交流互动的机会少，自己感到压抑，因为说话本身也是一种自我情感的释放。

◎ 与亲人的感情较难得以进一步提升，产生隔阂、猜忌、误会的机会增多。

◎ 会造成他人对你的误会。

◎ 如果你该说的不说，会增加做人和处事的成本。

(三)"口"是福祸之门

嘴好的人说出的话充满正能量,是在给自己纳福。人应多说六种正能量强的话:礼貌的话、团结的话、虚心的话、务实的话、好听的话、赞赏他人的话。

嘴不好的人说出的话充满负能量,会招惹是非。人不要说九种负能量强的话:狂妄的话、偏激的话、消极的话、虚伪的话、骂人的粗话、诅咒的话、指责他人的话、侮辱他人的话、不吉利的话。

人要管好自己的嘴,防止祸从口出,说了不该说的话,问了不该问的事,或者说话伤害别人的自尊等,这会给自己带来灾祸。

在一本名为《智慧格言》的书里写道:说话厚道而不刻薄者乃多福之人,说话尖刻而锋利者乃薄福之人。

嘴巴不好,心地再好也不能算是好人。

(四)让你说出的话给他人带来"美"的感受

人们听别人说话时,都在给对方的"美"打分。

人们说话的声音是一种"波",是一种非常特殊、高级的能量。"话"虽看不见,摸不着,却能留下痕迹,永远擦不掉。声音通过耳朵进入人的大脑后,大脑不断将这些语言转化为了解对方思想或行动的动态画面,从而诱发人的情感、影响人的思考和判断。生活中,有的人表面上看起来很帅、很漂亮,但是说话过于犀利、言语偏激、咄咄逼人、看不起他人,或者对他人不礼貌,说些自私、嫉妒的话,甚至诅咒他人等,会使自己的气质尽失,之前在人们印象中光鲜亮丽的外表会变成无用的道具。而有些人的容貌虽然普通,甚至还有一些瑕疵,可是,在与人说话时,真诚亲切、态度和蔼、表达客观、顾及他人的面子和感受等,就会让人觉得这是一个心胸豁达的谦谦君子。这种人让别人感到舒服,有一种美感。人们会忽略或不在乎他(她)的瑕疵,喜欢与他(她)交朋友。

二、把话说好的七大方面要求

当今社会，生活节奏快，工作强度和压力大，人与人之间的竞争也越来越激烈，人的思想和心理状态变得更为复杂，对他人说话的反应敏感性较强。因不当表达，或说错话造成他人曲解和记恨，甚至引发彼此之间的矛盾和冲突的事件时有发生。因而在与他人交往时，更要注重说话的用词和表达方式。不可自以为是、想说就说，不可乱用"反向表达"，不可随意否定或批评他人。否则，很容易被他人误解，继而产生矛盾或引发冲突，造成不良后果。

（一）把握好说话的四大要素

这四大要素是语气与神态、措辞与顺序、对象与时机、语速与肢体动作。

如果将说话的内容当成"肉"，那么顺序就是"筋"，神态、语气和措辞就是"骨"；若把话的内容比作剑，则神态、语气和措辞就是剑锋。

1. 语气与神态

语气与神态是内心潜意识的流露，反映一个人的修养、性格、心态、情感、情绪和态度等方面的信息。例如，是否在意、虚伪、骄傲、礼貌、胆小、焦虑、恐惧、张扬、造势。

语气与神态起着极为重要的情感传导作用。若说话的语气、眼神、表情不妥，再好的内容也没用。伟人毛泽东在《三大纪律八项注意》一文中，将"说话和气"排在"八项注意"的第一条，说明了说话和气是多么重要，它是做好一切人的思想工作之首。

眼睛是情感的窗户。眼神透露出人内心深处的很多重要信息。说话时，眼睛一定要注视对方的眼睛至嘴巴之间的三角区域，这是一种自信和对他人的尊重。东张西望就显得胆怯、不自信、不尊重对方。若多人聊天时总是看某一个人，就显得忽略其他人，要不时地环视其他人，以表示平等尊重。注意，平时与他人交往，或者面对陌生人，眼神不要在他人面前停留太长时间。因为这样会让对方有一种不安全感，往往会给自己添麻烦。

2. 措辞与顺序

措辞是内容的关键，有时说漏嘴一句话，或者说错一个字，意思都反了，前功尽弃，满盘皆输。

例如，某学校一个班级召开学生家长座谈会，一位老师首先发言："各位家长，大家好！今天叫你们到学校来，是……"接着，另一位老师发言时，将前面老师发言中的"叫你们"改成了"请大家"，显然，会场氛围比前面好了很多。

又如，客人来了，沏茶是一种礼节。主人的两种问法："这几种茶叶，你喜欢喝哪一种？"或者"你要不要喝茶？"最好使用第一种问法，比较有诚意，让客人感到亲切；第二种问法就比较不好一些，客人回答"不要"或者"随便"，也许是因为有的客人觉得主人不一定想泡茶。要不要泡茶，这还要客人先表态吗？如果坐了一段时间后主人才问，你要喝茶吗？有的客人可能会理解为主人也许有事，需要自己先行离开。

措辞是否令人感到舒适往往就在一两个关键字或词之差。再举个例子，有一位资历较深的老人在聊天时，为了夸奖甲的大哥（甲的兄弟有三个人，甲排老三）做人诚实，对甲说："你大哥为人比较诚实。"甲听后不语。笔者当时在场，觉得这句话说得不好，问题出在"比较"两字。"比较"谁？是不是其他两个兄弟就比大哥不诚实了？如果将"比较"一词换成"很"，那就好多了。

"顺序"大有学问。人们听话时往往很注重刚开始说的一两句，从中听出对方的心态、意向，以及看事和处事的主次、轻重、缓急等。人要养成重要的话先说的好习惯（重要的话不先说必另有原因）。

3. 对象与时机

明白对什么人，能说什么话，不能说什么话，还要用对时机与场合。例如，有一位同事的儿子考上某一所名牌大学，其他人都讲些祝贺的好话，而你认为考上名牌大学仅是个好的开始，要珍惜利用这个平台好好学习，今后的路子还很长。这时，若你不假思索脱口说道，考上名牌大学不等于今后事业上很有成就。在场的这位家长听了如何去想，感受如何？甚至认为你在嫉妒或诅咒他，不怀好意。若是平时大家在谈论上大学与今后事业的成就关系时，你说出这句话没有错，但现在说就搞错了说话的时机与场合。

4. 语速与肢体动作

语速太快容易说漏嘴或说错话，还会给人一种太直或轻飘的感觉。语速适中，吐字准确，有助于更清楚地表达思想和内容，给听者在意、认真、细致、实在、到位等的良好感觉。

人说话时往往伴有相应的肢体动作。肢体动作是一种没有声音的特殊语言，如眼神，面部表情，头、手或脚的动作。

说话时的语气、神态、肢体动作等三种表现虽然属于非语言因素，却能在极短的几秒甚至是瞬间的一两个简单动作将人的思想、情感、态度、立场及个人需要等反映出来。有时，在一些事情上，语气和神态就足够了，无须其他说明。这里要注意的是，人说话的语气和神态可以伪装，而肢体动作却常常被人们所忽视，其实肢体动作更能真实地显露出人的内心活动状况。人须用对肢体语言，使之与自己说话的思想和内容一致，以避免被他人误会。

肢体动作也反映出一个人的修养和气质。平时要注意纠正自己的一些不良习惯，如抖腿、跷二郎腿、说话时指手画脚。

在人意识的作用下，说话时的措辞、神态、语气、顺序和肢体动作等因素往往会结合在一起，其中任何一个因素所包含的内容也都相当丰富。因此，说同样一件事情，有着很多不同的表达方式，其作用和效果也千差万别。说话的表达方式在很大程度上决定人缘和办事效率。

总之，措辞暴露思想，要慎重；顺序暴露轻重，要想好；语气暴露心态，要亲切；神态暴露情感，要把握好；对象与时机，要选对。

（二）三思而后说

1. 人往往不是先做错了什么，而是先说错了什么

例如，为了表明对某人的关心，总是挑对方细节上一些无关紧要的不足；或用不好的前提条件去推理出不好的结果；或者自己想当然说出一些缺点来；或讲一些泄气的话。这些都会让别人听了之后很不高兴。如人家买了某种品牌的中央空调，运转起来一切正常。某人前去参观时，本来应该肯定与赞扬人家，却说：

"某某人买的另一种品牌的中央空调机比这台便宜了很多，你被商家宰了。"或者说："我认为某某品牌的空调机比较好，这种坏了很不好维修。"设想一下，若对方这样对你说，你的感觉和心情是什么样的呢？须知，人们应当怀着喜悦的心情和增进情感的目的去参观朋友的"作品"，尽量少评判。

对朋友或熟人决定的事，正在做或者已经做好的事，不可多嘴。不可用不赞同、否定的表情与语调，不可用莫须有的假设乱指指点点。

有人说，做人嘴要甜，是指要有礼貌，说别人愿意听的话；不要添油加醋；不多嘴。

2. 三思而后说

在与他人的交往中，应学会观言察色、揣摩他人的真实意图，喜欢什么、厌恶什么或在意什么等。这不是虚伪，也不是疑心过重、想入非非，更不是去迎合他人，而是以此提醒自己，避免说错话。

著名作家巴金在《随想录》一书中写道："讲自己思考过的话。"我们一定要懂得换位思考，去考虑他人的感受，想好才说，形成说话宁少勿多的良好习惯。不自以为是、随意地说出不该说的话。脱口而出，不只容易说错，更会暴露自己很多问题，容易引起他人对自己的误会。因此，话不可随口，须三思而后说：一思，你想说什么，该不该说，不该说的坚决不说；二思，要说的话，是否选对时机、场合和对象，如果其中一个因素不适合，坚决不说；三思，要说的话，必须注意表达方式，把握"分寸"，避免说错或者被他人误解。

如果你认为事情很重要，而听话的人却表现出不在乎的样子，一般有四种可能：一是对方不在意听你说什么。二是对方听不懂你在说什么。三是对方认为你讲的内容不怎么样，没有什么价值。四是对方不同意你讲的观点而选择沉默。无论是哪一种情况，你都不能再说下去。否则，会贬低自己。

职务越高的人，责任越大，说出的话影响力越大，具有导向性，关系到很多人的思想认识和行动，不能随意说。不少人都有这样的感觉，一些人当上领导后，说话比以前更加慎重，语速更慢了，就是这个原因。

智者会静心听他人说什么，思考他人想听你说些什么，怎样向他人说些什么；

愚者老是自以为是，认为只要能说出去就好。

有一则漫画，旁白写道："管不住自己嘴巴的人，怎么能把握住自己的人生？"这话讲得很在理。

（三）把话说明白

1. 你把话说明白别人才能听明白

别人的时间很宝贵，你必须明白别人想听你说什么。你必须先整理好自己要说的话。力求做到条理清楚、重点突出、目的明确、言简意赅。否则，对方会感到不耐烦。

2. 不说易使他人曲解或误会的话

不说"同语异义"的话，即站在不同角度会有不同理解的话。如果你听到这种话，不要怕不好意思不敢再问，一定要反问，以防自己错解而产生误会。如果对方老是不讲清楚，必有缘故，你得小心了。

笔者不久前看到一篇文章，讲的是在二战期间，德军经常空袭伦敦。一个浓雾漫天的日子，伦敦上空发现一架来历不明的飞机，英国战斗机立即升空迎击，到两机接近时，英国人才发现这是一架中立国飞机，飞行员立即向地面报告并请求指示，地面指挥部只是随意简单说了一句"别管它"，想不到英国战斗机就开火将这架民航机给打落了，造成严重的后果。我们暂且不讲其他方面的事，就"别管它"来说，可以理解为"不要干涉它或不影响它"，也可理解为"不管是谁，干掉后再说。"

一些易使人误解，或者可以有多种解释的话都是人不经意脱口说出的。因为人们往往只顾自己说，而忽略了应该如何说，忽略了别人听的因素。

（四）说好开头语和结束语

1. 说好第一句话

人与人交往的第一印象（感觉）、第一句话的重要性不可低估。

第一句话一般由两个方面组成：一是话头；二是想说的事情。话头透露出自己的情感和态度，不可小觑，它是一种切入方式，应尽量简短；表述内容时应简明扼要，让对方听明白。

你的第一句话要使听者愿意听并且听明白。如果你想在说第一句话时使对方惊讶、对你赞赏等而把话说得很极端或很离谱，而后再来阐述理由或说明原因，这往往会事与愿违：会使人茫然，觉得你在说一些没头没脑，或者片面、偏激的话，反而贬低了自己；或者使对方对话的内容产生误解、不满和抵触情绪，结果弄巧成拙。

现在人的生活和工作节奏比以前快了很多，人们听话的耐性也相应地缩短。在正常情况下，人们希望在最短的时间内听到自己想要听到的话。因此，当你向上级领导汇报工作，向自己的下属演讲或布置任务，或与熟人、朋友说事情时，应简明扼要，不要有太多的话头、不要拖泥带水，要在最短的时间内、用最少的话头，说出让对方想听到、想知道的内容，其他要说明的话留在后面。如果话头太长，先讲太多原因或过程，会使对方因失去耐心而不感兴趣甚至产生厌烦，说话效果会大打折扣。

2. 说好最后一句话

第一，说好就收，不说其他无关之事，否则会节外生枝，甚至起相反作用。要防止出现说话之后的败笔——说了不该说的最后一句话。比如，不要在每次说他人的"好"（优点、优势）之后都要再说出一些"不好"（缺点、劣势），以此来表明对他人的关心和爱护。

第二，它必须与我们前面所讲话的内容一致，并且起到归纳总结、强调提醒、激励的作用。

第三，注重礼貌，增强感情因素作用，以使对方乐于接受或赞同为目的。

3. 说好会议结束语

如果你是会议主持人，应注意说好、说对结束语。

这里举出两种较为典型的、不妥的结束语。

第一个例子，某次会议将要结束时，主持人说道："同志们，今天某局长的讲话很重要！简单概括起来有这三点：第一点……"这样说不妥，原因在于对领导的话进行总结提炼出"简单"的三点。一方面，不能保证总结得是否精准，有无遗漏；另一方面，对某局长来说，可能会有这样的想法：是不是我讲的话太多或者较乱，下属听不明白等。因此，主持人最好不要对刚才上级领导的讲话进行总结，可以对参会人员提出几点贯彻落实上级领导讲话的内容和要求。可以这样表达，"同志们，刚才某局长的讲话非常重要，大家一定要坚决贯彻落实，要求大家做到第一……第二……"

第二个例子，某次会议将要结束时，主持人说道："同志们，今天某局长的讲话很重要！重点突出这三个字：'*''*''*'。"这比前一种说法更不好，难道局长不会总结，还要你高度提炼成三个字？

主持人应学会说好主持人该说的话。

（五）说话时用对感情

1. 对别人动情时往往疏于表达

有的人虽有真情，但却疏于表达，说出来的话往往令听者难以接受，造成误会，引发矛盾，非常不该。

对越亲密、越熟悉的人越要重视说话的表达方式。生活中，人们在与亲人、朋友和同事、熟人的谈话中，比与生疏人说话的失误率高得多，常常出现一些误会和矛盾，原因是对越熟悉的人越口无遮拦、只想一吐为快。一般地，对亲人、熟人的客套话不必多说，不过也要让对方心理上、感情上能接受，不引起误会和冲突才行。有时候，即使你"有理"，认为是在为对方好，也要在尊重对方的前提下，好好说，平心静气地说，人家才能接受。若得理时觉得自己说话底气十足而教训他人、贬低他人，则会出现"得理得罪人"的局面。得理反而发生不必要的矛盾和对立，很不该。

2. 说话时不可乱动情

人动情之时常常说漏嘴或说错话。动情不能证明自己的真诚，如果把握不好分寸，会出现很多盲区，忘掉自己曾经立下的说话原则，语无伦次、言不对题、偏激，脱口说出一些比喻失当的话，说出不该说的话，随意表态、对他人承诺等。说话乱动情的人容易被不安好心的人蛊惑或下套，给自己造成很多不必要的麻烦。人都有情感，或多或少都会动情，重要的是，动情须看对象、分情况，区分好对什么人可以动情，对什么人一定不能动情；什么事可以动情，什么事坚决不能动情。动情须有度，时刻保持理智的头脑，自制自律。

一般地，动情易失言；骄易失言；急易失言；怒易失言。管好自己的嘴不是一件易事。

（六）说好四种话

1. 真话

"真话"是指事情的真实过程。须注意的是，"真话"不等于"好话"；"真话"不等于"真心的话"；"真话"不等于"正确"。

现实中人与人之间的关系很复杂，真话难说！康德说过："一个人所说的必须真实，但是他没有义务将所有的真实都说出来。"有时真话必须直说（注意表达方式），有时真话不能说或者不能直说，只能暗喻，如果说真话用错时机、场合、对象，也会害人害己。有时，人不一定喜欢听真话。

因此，人说真话时应做到"五不"：不要在不能说的时候说出；不能伤害到他人的自尊；不反向表达；不偏激；不随意添加个人观点。

2. 假话

假话有两大类，一种是虚伪、骗人、陷害等的假话，这当然不好。另一种是善意的谎言，它是对他人的一种安慰，但不能过于主动、说得太多或说得太绝对，一般是别人先问后才回答。例如，某位熟人穿了一件新衣服，他（她）认为很满意，问你觉得如何，一般要回答不错，或很好看。如果你认为不太好看，不可直说，因为每个人的审美观不同，应委婉地表达。如果是参观朋友的新房子，更不能以自己的感觉指出这个地方不好，那个地方还要怎样，另一个地方要如此就会更好等。别人花了很大人力、财力，好不容易装修好了，表面上要你谈看法或提意见，其实要的是你的肯定和赞扬，如果你凭自己的主观说不好，不但将对方满意、高兴的心情冲刷得干干净净，而且这些负面的话会一直潜藏在对方的心里，很不是滋味。

碰到坏人或心怀不轨的人，说假话则是一种自保的需要。

3. 场面话

参加庆典（如结婚、新居落成、商行开张庆典等）活动，只能说好话，不能说不足。要说吉利、感谢、祝福的话；有负面因素的话、含糊不清的话一个字也不能说。不会说的少说，只说祝福的话即可。不可老想展现自己，挖空心思，讲一些"有创意"的、比别人水平高的话，这样往往会失言，反而弄巧成拙。

4. 客套话

这是礼节上的需要，是人与人交流的方式，也是一种话头；虽然表面没有什么大的作用，但是又不能少。其实，人与人之间的关系极其微妙，人也要学会说些客套话。

要学会适当说好客套话，并且适可而止。

客套话与虚伪的话，有着本质上的区别，两者不能混为一谈。

有的人说，我的性格就是如此，喜欢直来直去，习惯说真话，也许说出一些很难听的话，希望别人能谅解我。实际上，这可能吗？人必须明白，你有你的说话方式，我也有我与他人相处的原则；你以什么方式对我说话，我会用相应的方式与你交往。

（七）改变自己不好的说话习惯

人应改变自己不好的说话习惯。

改掉不好的口头语。与别人说话时，"你"字出现的次数不能太多，比如"你"如何如何。虽然自己话中的"你"本意不是指对方，是口头语，但这个"你"字说多了会有一种让对方感到直逼自己或是使人感到彼此之间的距离拉远的感觉，很不舒服。最好将"你"换成"咱"，或者直接将"你"去掉。

相对地，说话时"我"字说得太多，会使对方感到你的性格太自我，很少考虑到他人的感受，这也很不好。

还有，当别人对你说话时，没有听清楚对方说什么，嘴里不要总是不断地说："好……好……"以为这样是有礼貌的表现，其实，这样的口头语很不好，有时对方会误以为你已经同意了；或者中了别人给你下的套："当时你不是说好、好了吗？"

三、慎用"反向表达"

这里讲的"反向表达"是指和别人说话时,措辞、语气等与自己真实思想"相反"的表达方式,即说"反话"。

(一)慎用"反向表达"

人们在特定的场合、情境,与特殊的人(亲人、感情很好的人、很熟悉的人等)交流时,有时会故意说"反话"。人们或多或少都有过故意说"反话"的时候。正确使用"反向表达"指的是说话时的措辞或语气似乎与自己内心真正想法相反,而神态却是善意和亲切,让对方知道你不是真正在说反话。

"反向表达"是在彼此感情较深、互相理解、对方知道你的真心实意、对方心境好的前提下,在某特定的时机与场合才能用的。"反向表达"比直接表达的艺术性更高、更加困难:难点在于既要从"反面"体现自己的真心实意,又不能引起对方误会,而且从内心上深知你的真诚用意。这是一种较难且不可随意使用的表达方式,一定要少用、慎用,不可多用、乱用。

过多地用"反向表达",弊端很多。不但降低自己的形象,而且还容易使自己说错话,或者使别人产生反感甚至误解。

错用"反向表达"的表现一般是想要向对方表达出自己内心的真情实意,却措辞太绝,语气太硬,神态太凶等。这些都使对方难于接受,会引起别人的猜疑,产生误会甚至因冲动而起反作用。

"反向表达"不等同于玩笑和幽默。不要将"反向表达"当成显示彼此有着深厚感情的唯一一种表达方式,否则,再深厚的感情也会被乱用"反向表达"冲淡。

如果以为在亲人(或好友)面前说话无须顾忌,过分呆板、糊涂地乱用"反向表达",口无遮拦、想说就说,那便太过天真。比如故意将原本要说的好话说反了,或者用"不友好"的表达方式,如语气生硬、表情呈凶相,或用顶嘴式、指责式、恐吓式、无情式甚至是挖苦式,目的是让对方感受到自己的"反向表达"

表面上难听而实质上有更深、更特殊的思想和感情，结果往往事与愿违。对方的反应常常与自己的想法不同，脑子里大部分空间被对方不尊重的表现占满而产生抵触情绪，不少误会和矛盾就从这里产生。而说话者却没有及时察觉，话匣子一打开就收不住，等到自己发现问题时，才来解释，很糟糕。

我们可以换位思考，别人经常对自己"反向表达"，感受如何？不可自己习惯对别人用"反向表达"，心里却等着对方传递过来温和的语气、微笑的面容，这不现实。学会正确地说话表达，推己及人，想想自己喜欢什么、讨厌什么，才能从中体会到如何与别人说话能达到最好的效果。

有的人常常用自己不喜欢的表达方式对待自己最熟悉的人（或亲人），这是低情商的表现。

乱用"反向表达"的人，会将自己好不容易取得的一些成绩被错误的表达方式给抵消掉，甚至还"赔本"，在感情、人缘、做人方面付出很高的成本和代价。

言语伤人留下的伤痕非常持久，甚至会延续一辈子。如果常用"反向表达"对待自己的配偶，久而久之，由于对方很少听到温暖的、高兴的、顺心的话，而是常听到不愿听到的、泄气的、讨厌的话，会渐渐对自己产生讨厌心理而失去兴趣与信心，彼此可能会在感情上拉开距离等。解决的办法是常说积极的、让人感到温馨的话，而不是消极的、讨厌的话。

反过来，也不要将对方偶尔对自己的一些无意伤害扩大化、严重化。若想在家里争输赢，只会使矛盾不断地扩大。须知，在与配偶的说话表达方式上，你说得好，他（她）听得好，你就又会感受到对方传递过来的好。

对父母、配偶、子女、兄弟姐妹等说话时，都要保持尊重和耐心。好意，也要好好说。尊重的语气及和颜悦色很重要，这是家庭成员之间感情和睦的基础。

（二）不"反向表达"的三大话题

一是有关政治方面的话题；二是有关自尊、人格和底线的话题；三是敏感话题或别人怕被提及的话题。

（三）少用、慎用"激将法"

"激将法"是一种非常特殊的"反向表达"，偶尔用于激励他人的一种特殊方法。只能对心地善良、情绪稳定、愿意接受你观点的人使用，在对其进行很多正面教育办法难以奏效的情况下，偶尔一用，同时，教育者须有高超的教育艺术才行。这里须注意两点：一是用"激将法"时也要避开前文所说的"三大话题"，而且措辞不能太偏激，口气不能太生硬，否则，事情容易向相反的意愿发展。二是"激将法"极难运用，成功率很低，如果失败，不良后果往往极为严重，还会给自己带来很大的麻烦。因此，在教育引导他人时，不可自以为是，认为他人会明白自己的用心良苦，故而乱用"激将法"。

应注意的是，当自己动情之时，情绪激动之时，或骄傲、自以为是之时，最容易使用"反向表达"而说错话。不乱用"反向表达"不是一件容易的事。

四、听话、问话、回话

（一）听话

人说话的内容和方式都是围绕其目的展开的。听人说话最关键也最重要的一点就是听懂他人心中真实的想法和目的。不可仅从与对方的情感关系或者对方说话时的神态和语气去断定其内容的真假。

1. 学会识别他人是否在套话

有的人，为了了解他人的想法、态度、秘密、隐私，或者想让对方说出不能外泄的事情，以达到自己的某种目的，常常采用套话的手段。

对他人套话者往往施用以下四种方法：一是从情感入手，赞扬你，让你毫无保留地全说出来；二是问你对某件事情的看法，听你如何说；三是说出某件事情后停住，观察你听后的态度和立场；四是从生活细节的话头引入，想方设法让你接着话头往下说。

须学会静听，注意辨别他人哪些话头不能接着往下说，应保持沉默。不要将与自己无关的事情转接到自己身上来。

以下七种人,很容易被别人套话。

◎ 低情商的人。

◎ 骄傲和好为人师的人。

◎ 爱逞强,或者爱在众人面前表现自己的人。

◎ 易情绪化的人。

◎ 心直口快,有话藏不住的人。

◎ 自作多情,或者过于相信别人的人。

◎ 太善良、畏情和胆小的人。

2. 学会听别人的婉言表达,或其含有的潜台词

有的人想要向别人提出某些要求又怕对方不答应自己而尴尬,想提醒对方又担心被误解引起不必要的误会,往往会用委婉的言语或其他比喻,或用潜台词,让对方明白自己的意思。例如某熟人对你说,你太瘦了,你听后的心情可能不是舒服的,如果这位熟人说,你最近的身材很苗条,你听后心情就舒畅多了,不过你要听懂人家的意思。中国人的语言表达方式极为丰富,越是重要的场合,越是重要的事情,别人的潜台词越隐蔽,越要注意听懂别人言下之意是什么。

若别人要说事情时,迟迟未切入正题,必有其因。

3. 学会静心听"逆耳"的忠言

"忠言逆耳"有时是特定时机和场合造成的。亲人、同学、朋友、同事等,本着友好帮助的初衷向对方提出一些正确的意见,有时是在特定的时间与场合里必须说出来,再等下去就来不及了,根本没有时间考虑如何婉转表达才能使说出来的话能让人听起来舒服,也无法顾及对方当时的心境如何,说出的话可能会让人听起来不舒服。

有时忠言逆耳是性格不同、表达方式与自己的接受程度相差太远造成的,让人听起来不好受。

对自己,听忠言得有宽广的心胸和正确的心态才行,要静心听别人说完。因为忠言往往会逆耳。当然,并不是所有忠言都会逆耳,也不是只有逆耳才是忠言。

对别人，忠言也要尽量好好说。能做到忠言顺耳的人处事较顺畅，生存代价较少。如果你明明知道自己的忠言会使别人逆耳，但一定要说，那你要做好"牺牲"的心理准备。

4. 好话不等同于好事，坏话不等同于坏事

人都喜欢听好话不喜欢听坏话。然而，只听别人说好话不能发现自己的错误或不足，而别人说出的一些坏话有时却起着对自己的提醒作用，不见得是坏事。

有时，若别人（尤其是领导）对我们说话的态度和语气让我们很难接受，也许有原因，不一定是坏事，也许是好事，这时你要冷静，可以从以下三点来分析。

◎也许是对方从为我们好的方面考虑（或者已经帮助了我们，或者已经想好了要帮助我们），情绪激动时说了一两句不太好听的话。

◎或者当时对方很忙、正在处理棘手的事，或者对方有难言之隐，只能这样表达。

◎有时，大家都在场，别人当面说我们不好听的话，至少有两种可能：一种是想帮我们又不好直说，只能先说对方的"坏话"，而后再说好话，这是一种帮人的策略；另一种是修养较低的人为了抬高自己贬低别人，表面好像是在与你开玩笑，其实是在含沙射影。

总之，不同性格、不同层次、不同需要、不同动机的人说话有不同的习惯与风格。话，要听完整。人家说出的话，究竟是赞扬还是批评，是鼓励还是提醒，是随便说说还是暗示，是真的看不起我们还是激将法等，要静心思考和识别，不急着回应。

5. 学会听懂别人和你说话时传递出的真实信息

别人向你透露的信息，一般有三种情况。

◎传递思想和态度。

◎虚假信息。也许对方也受别人欺骗，自己却浑然不知，以话传话，说说而已；也许部分片段真实，其余按自己的想法添油加醋，夸大其词。

◎也许对方有目的，或者向你套话，或有意在诱导你。

这里要特别指出的是，有的人做人太直，别人说什么就信什么，这是低情商的表现。特别是在职场和人际交往方面，出于礼节上的需要，人往往会说一些客套话，口头上说的与自己的实际需要往往不同，切不可当真，应学会思考别人内心真正的想法是什么，否则，容易将事情搞砸。

6. 注意别人转换话头

对方转换话头，有时是一种转移你的注意力或扭转尴尬局面的办法，有时有其他原因或玄机。

7. 听话时的眼神反应态度

领导对你布置任务、传达事情时，亲人、长辈或朋友与你说话时，眼神须专注，面向对方，这是对别人的一种尊重。如果东张西望，眼睛看别处，这是心不在焉、对别人不尊重的表现。

8. 听、思、辨、察有效结合

在生活中，问题和要害往往就存在于一两句不易被人识别的假话（不一定是故意的）和错误的题设里，非常难以识别。

听话前不可带着个人感情色彩或偏见给对方定位，也不要以过激的言语急于应对，听话后先保持沉默。不一定都要发表意见。

听，听出语气、措辞、顺序；思，思其动机、前提、合理性；辨，辨明是非、真假、主次；察，察其表情、眼神、动作。

有时由于种种因素的影响，我们很难辨别别人话语的真假，若十句话中九真一假，加上人自圆其说、善于伪装的本能，辨别的难度更大。其实，自圆其说好比画一个圆圈，然而，开始下笔和结束时收笔的连接处比起其他地方总会显得不那么光滑自然。学会发现别人说话前后的对接处是否自然合理，若不合理，则往往就是假的或错误的。

如果你认为开头的话是假的、有违背常理，那就不要顺着对方的话听下去，尽管中间这些都是实实在在、正确的话，因为把这些正确的理由嫁接在错误的理论之后，最后会将谬论包装成"真理"。开头和结尾的谬论是那些心怀不轨的人的目的，中间那些"实在、真正、正确"的道理是用来给别人洗脑的。同样，如果听到最后的结论有违常理，是错误的，那就要从内心拒绝和反对，不要去管其他可能有道理的话。

谨慎对待别人对你说的"我有一件好事请你参加（或帮忙）"。一方面，对方很想你能参加（或帮忙）；另一方面，对方也许觉得若一开始就将事情直白说出来可能会遭到你的拒绝，用这样表述，你愿意接受的可能性会增大。注意，这种"事"也许是难事，或你不应该参与的事，应谨慎对之。

兼听则明，偏信则暗。就事论事，即使某个人说得再有理，也仅是一个人说的而已，不可只听一面之词。只有冷静，多听其他人的不同意见，而后独立思考才行。

（二）问话

1. 向别人问话时，注意六不问

◎ 当别人忙时，不问。

◎ 当别人心情不好时，不问。

◎ 当一些不应该听到的人在场时，不问。

◎ 不该知道的事，不问，否则对方会误认为你与此事有关，以及想打听相关信息，反而引火上身。

◎ 不问别人的隐私。

◎ 不要自作多情问熟人或朋友的伤心之处，或弱势，或比你劣势的一面现在怎么样了。因为这些是别人最怕被提及的事，最不愿意听到的话，听后会伤心；有的人甚至会错解为你是在讥笑他，因而记恨你，而你可能还都不知道。

2. 该问的，还得问

有时，多问一句话，是个技巧，它会助你成功，或者让你少犯错误。一是任务或事情不明时，要问；二是不知当事者的意向时，要问；三是碰到不懂或自己无法解决时，要问；四是事情与自己的想法相差太远时，必有其因，要问。

3. 问话有艺术

有时要有适当的话引作为过渡，注意话引不能太多。要尊重对方、有礼貌、虚心、措辞委婉、态度和蔼。

要避免"问"的盲目性。自己不懂或困惑时，不可认为别人在这方面比自己更有见识，不假思索地见人就问，这叫惑不择人。其实，不少人与你一样甚至比你更不懂，乱问只会显得自己太无知。如果遇事不加思考随意问人，容易给人产生一种不够稳重、没有主见、能力低的感觉而轻视你。

人大多都是从自己的立场和角度出发而不是根据你的实际与需要回答问题。人会自圆其说，会说出自己看法或意见的正确性。不妨多问几个人，用自己的头脑去分析思考，实事求是，采纳谁的意见，或采纳几成、如何变通或都不采纳等，再做最后的定夺。

对一些你必须做，而且较有把握之事，不要先问一下别人之后才动手进行，这样反而会贬低自己。也许你认为这是一种尊重对方的表现，但是，对方不一定都这样想，有可能认为此事你必须经过他的同意后方可进行。

若别人不直接回答你的问题，转弯抹角，往往是一种拒绝。

4. 问对人

对生活、学习或工作中出现的问题，不问四类人：一是品行不端的人；二是心胸狭小、嫉妒心重、疑心重的人；三是骄傲自满、自私自利、贪心十足的人；四是平时很会利用别人的人。

（三）回话

1. 搞清楚对方想听什么，不想听什么

当需要回答别人的问话，或是向上级汇报工作时，必须搞明白对方想要听的是什么、最不想听到的是什么。一般地，对方一开始最想听到的是结果，最不想听的是那些冗长的原因和过程。如果对方在较长的时间里听不到自己想要听到的内容，会产生厌烦情绪，而且会对你的水平和办事能力产生怀疑。固执地要求别人耐心听自己陈述事情的原因和过程是最无知的表现。回话时，一般先讲结果和重点，长话短说，简明扼要，原因和过程须在对方发问时才作出相应的、简要的回答，这样可以提高单位时间的办事效率。如果你对自己所做的事情结果不满意，需要作出一定的解释，注意两点：一是客观，而不是推卸责任；二是尽量少说原因，让对方知道就好，说多了更糟糕。

2. 小心别人说自我"贬低"的话

例如，别人好不容易将你委托的事情办完后，对你说道："做得不好，望谅解。"此时，你切不可说"没关系"，因为这样等于承认对方在此事上存有不足。其实，对方心里是希望你能说一些肯定或感激的话，故意用"反向表达"。你这样表达不是有礼貌，而是将对方给说"糊"了。如果你回复道："你做得很好，出乎我的意料，谢谢你！"事情就较为完美了。

一般地，当别人说自我"贬低"的话时，如果你必须回话，必须也反着说，讲对方的优点或长处。否则，会将原本好好的气氛给搞坏了。

3. 当说不当说

有时候，A 想说但又怕 B 不愉快，或由此引发误会和矛盾，往往会先问 B："有句话，不知当说不当说？"以此来铺垫，征求 B 是否同意，表面上是一种尊重对方的表现，实际上是希望对方能同意自己将要说出的话。如果 B 说"你尽管说出来"（可能自己好奇、想听对方讲什么，或者不好意思拒绝，或者为显得自己大度，允许别人把话说出来等），这样 A 即使说错了也不会引起太大的矛盾与冲突，因为 A 之前已向 B 征求过"该不该说"，而且是经过 B 同意的。

当别人问你"该说不该说"时，其意图是要你同意让他（她）说。你不可脱口说出"你尽管说"，这样会使自己没有退路。

可回答"这要看你说什么"。这样回答的好处是给对方发出这些信息：看具体情况而定，你不能乱说，我有原则，不一定听你的。这样自己的回旋余地较大，也不会把彼此之间的关系搞坏。也可回答"该不该说，由你决定，我无权干涉"。将问题推回给对方，或者保持沉默。

如果你同意对方说出，可回答"你说说看"。

同样，如果对方问你："有件事，不知道你肯不肯帮忙？"肯与不肯，二选一。若说"肯"，对方提出的要求你帮不了或不能帮这种忙，怎么办？若回答"不肯"，这样会伤了朋友之间的和气。此时，这样说较好："我能办到的，当尽力而为。"隐含着不违反规则、原则，遵纪守法，也给自己留下余地，或者回应："先说说看。"将对方的话听明白和完整，不要随意应允，以免将自己逼向死角，造成自我心理负担。现实中，有的人对别人做出承诺后，由于种种原因最后帮不了对方反而被对方责怪自己说话不算数，自讨苦吃。真的要帮助对方，能做得到，也不要将话说"死"，这样做起来可以给自己留有余地。注意，有些事，帮了别人之后也不能说。

如果有的人将"该说不该说"作为一句话引，未经你是否同意，还是说了，你得小心应对；反之，如果你问别人"有句话，不知当说不当说？"当对方同意后，也不可以随便说，也要讲究表达方式。

4. 不要急着说"我已经知道了"

当别人告诉你某件事或某个信息时，也许你已经听过，不要急着说"我已经知道了"，不要打断别人说话，让对方把话说完。一方面，你在静静地听，这是一种礼貌和尊重，今后有什么事人家也愿意对你说；另一方面，你以前不一定就知道得那么完整和准确，多听一听其他人的说法也许另有收获。有时，在后头的话往往很重要。

5. 不要不加思考随意回答别人的提问

别人问你的，都要先思考，听懂问话者的意图和动机后，再决定是否要回答。有些话，别人不应该问你。如果你不好回答或不能回答，可以选择沉默、装作没听见，或转换话题，或用不确定的言语应对，或直接向对方说明你不知道。有时候，也可反问对方，使自己摆脱困境，变被动为主动，也能起到告诉对方"你不能这样问"的作用。

如果别人讲了很多话，绕来绕去，其中穿插很多有关朋友感情，或想帮助你、给你好处，向你打听很多关于家人的细节或其他人的隐私等，说明对方有不好说出的目的，你得小心应对。

6. 回话时还应注意的六点事项

◎ 不一定都按别人的要求回答，或者按别人设下的选项里去选择。

◎ 对事不对人，更不能涉及他人。

◎ 就事论事，不说题外话，不将话题引到自己身上来，如"假如是我的话，我会……"避免给自己带来不必要的麻烦。

◎ 不说中性词，以免引起对方不必要的误会。

◎ 回话时应先肯定对方所述内容中正面的、积极的东西；你不认同的、反对的或拒绝的部分放在最后。注意不要否定或批评别人，措辞和语言的表述须委婉。例如，这样说："如果从另一个角度思考，我对此事的另一种看法是……仅供参考。"

◎ 剔除三种最糟糕的回话方式：顶撞式、指责式、反向表达。

人的性格与习惯不同决定说话表达方式的不同。不要因为一两句不中听的话与对方争输赢，这样容易产生不必要的矛盾，自找烦恼。因听不惯的话而与别人产生争执，这是一种心胸狭窄、自私和幼稚的表现。即使你在争执中赢了，感情上却输了，得不偿失。爱与别人争执的人平时究竟得罪了谁，连自己都不知道。听话时，当自己是一位观众，而不是导演。当然，人也不要过于敏感，瞎猜疑，将人家不经意的一句话设想出多种可能，整天自寻烦恼。

五、玩笑与幽默

（一）开玩笑要慎重

开玩笑有艺术。一个有趣的玩笑，可以调节气氛，增进彼此之间的感情，起到画龙点睛的效果。

有的人喜爱抬高自己，在众人面前拿别人的短处开玩笑，贬低别人；或者以开玩笑的形式，造谣中伤别人。前者是小人，后者是坏人。

有一种想取悦别人，又兼有耍小聪明的人可能对别人开错玩笑，引起别人的不满，甚至得罪了别人。

有时，玩笑含有三分真。要区分是纯粹的玩笑还是话中有话，很难。要学会听别人玩笑里藏着些什么，观其神态、语气，分析其动机。当然，不要整天去怀疑别人、对别人都怀有敌意。

为了避免开错玩笑给自己带来麻烦，这里提出以下六点建议。

◎切不可将取笑别人当成玩笑，这是极大的错误。

◎对别人开玩笑须注意四个方面的因素：对象、时机、场合，以及对方的情绪，只要一个因素不适合，就不能对别人开玩笑。

◎无论是对长辈、晚辈，对亲戚、同学、朋友还是同事等，开玩笑都要有个度。否则，再好的朋友也会翻脸，甚至记恨一辈子。对越熟悉的人往往越容易无所顾忌，将玩笑开过了头，结果自己就是吃苦头。

◎不对别人开四种内容的玩笑：涉及个人隐私或瑕疵的内容、政治性强或私密的内容、关系到人格和自尊方面的内容、别人不愿意听的内容。

◎不要对七种人开玩笑：性格内向的人，小人，嫉妒心重的人，猜疑心重的人，抑郁或有心理疾病的人，非正常精神状态（如紧张、焦虑、偏激、情绪不好、想不开、失去理智等）下的人，专注在做某件事情的人。

◎不要过多地对别人开玩笑：一是容易说错话，二是会贬低自己，三是会使别人厌烦。

（二）幽默有艺术

会幽默、有幽默感的人在生活、事业的各个方面都会更加顺畅和谐。幽默不能靠装，幽默多了，人家会觉得烦，反而会贬低自己。有一种无知的幽默是故意作践自己，往自己脸上"抹黑"。如在重要的场合里故意念错字，以为别人懂得你是在幽默，实际上，大部分人会认为你水平很低。

幽默不同于玩笑，它比玩笑的层次更高。玩笑是开过之后彼此就不当一回事、很快忘记了；而幽默有时带有一定的态度或指向性。有时，必须讲却不能明讲的话，用幽默的方式可以取得较好的效果。

这里提出四点注意事项：一是不适合幽默的对象不能幽默；二是幽默不是炫耀，而是一种策略和需要，或者是一种化解危机的手段；三是幽默首先是要使别人能听懂又不引起误会，要经过思考，不可乱说、多说；四是幽默要避开政治、人格、尊严，以及敏感话题等内容。

六、说话"八忌"

（一）忌自以为是、想说就说

1. 忌心直口快、想说就说

急于表现自己，越说越多、越远、越乱，乱比喻、乱联系，这样会说错话或说出不该说的话，引起别人的猜疑、误解，无意伤害了别人自己还不知道，或者暴露自己的很多信息（或隐私）直爽不是自己想当然，想说就说。

再急也要注意措辞和语气。当你遇到急事时，恰遇别人此时问你、求你，不可用生硬和不礼貌的言语回应之，否则会引起误会而产生矛盾。应当以温和的语气讲明自己当前遇到急事，过后再与对方联系。因为对方不知道你的具体情况，只听到你说话的措辞和语气。

2. 正直的人更要学会说话

有的人很直，与别人说话时经常一开始就直奔主题，这样会使听者感到突然，甚至会接受不了，这样容易给自己带来不必要的麻烦。这是因为你只管自己想怎么说，没有考虑对方实际。一般地，除特殊情况外，直奔主题的说话方式尽量少用。

有的人很正直，有责任感、正义感，工作积极，能力强，也出过不少成绩。这本来是很好的条件，就是因为看不惯身边的一些不合理现象或者一些阴暗面，表现出极大的愤慨，说出了很多得罪人的话，或者边干边发牢骚，导致在工作方面屡屡受挫，在通往成功的路上往往不及那些专业水平较差、工作能力较低的人。

做好自己该做的事，管好自己的嘴，正义感的话说过了会伤及自己。

3. 说话有度

说话前要看对方是什么样的人，以及对方当前的情绪状态，以此提醒自己能说什么话，说到什么程度，不能说什么话，或者保持沉默。

见人只说三分话。对一个人不要掏心掏肺，这不是证明自己真心的好办法，往往是自己给自己挖坑。特别是当别人对你说一些私密的话的时候，不可太当真，不可将自己平时不能说的话说出来。

孔子曰："辞达而已矣。"不可像竹筒里倒绿豆，话匣一打开就收不住。管住自己的口的确不易。乱开口，会露底；乱动嘴，会后悔。

（二）忌接别人不直接挑明的话头往下说

有人想说某件事情，却转弯抹角，不直接挑明，这种情况通常有三种可能：一是事情较大，怕说出来负有责任，故意卖关子让你先说出口。二是有难办的事求于你。三是想告诉你一些事，但又怕引起你的误解。别人不直接挑明的话，或者说到一半时停住，你不可接下去说，应保持沉默。

如果有人明明要向你询问、请教一个问题，却舍不得欠你一个人情，不够虚心和诚信，拐弯抹角，旁敲侧击，好像自己已经懂得但没有说出来，想办法让你不自主地脱口说出来，而你说后才感到有一种受骗的感觉。这种人不可深交。

（三）忌说对方不愿意听到的话

与别人说话之前，你必须先了解对方最不愿意听到（往往是人的短板）的是什么内容，如对方的弱项、痛处、过失、忌讳、秘密，以及欠缺的、讨厌的、瑕疵的、比你劣势的方面，否则容易使对方产生嫉妒心理或误解，甚至转化为陷害、报复！

（四）忌在别人已完成事情后，说出自己的不同意见甚至指出其中所谓的不足

不要评价别人已经做好了的事情。如果非说不可，就说些正面的、肯定的，少说些负面的、否定的。切不可自以为是，自作聪明，提出所谓的好建议，或者指出存在的不足。一方面，你说的也许是错的，会误导别人；另一方面，即使你说得对，别人也无法在短时间内改变，甚至都无法改变，这会给别人留下负面的心理负担。

（五）忌将事情引到自己身上来

不可直接表明自己的立场、观点、看法和处理方式等，"如果是我，我认为……我会……"这样的不良习惯对自己非常有害。一方面，暴露了自己的性格、思想、

心态、立场、观点、需要、弱点、隐私等；另一方面，会将矛盾引到自己身上来，得罪人。

不要总谈自己或家里的事。让别人知道自己或家里的很多事，很不好。

（六）忌打断别人的说话，要让别人把话说完

在特殊情况下，如果有必要插话，先说一声"对不起，让我插话一下"，注意话不能多。若别人正在兴头上，而且语速很快，你不能插话；否则，不但对方听不进去，而且还会引发极大的不满。

如果别人打断你说话，此时要注意，也许我们说得太多，时间太长，人家听得不耐烦；或者我们说话偏激、绝对；或者有说漏嘴、对别人不够尊重、有伤害到别人的表现；或者说了一些不该说的话。有时，一些好心人的插话是对我们善意的提醒，是在帮你、提醒你，反而是好事，你要感激对方才行，此时就是你必须住口、自省、改变自己的时候。如果别人乱插话，说明对方素质低，教养差，可以提醒对方让你说完话后再说。

如果你正在说话，对方显得不在乎，或不耐烦，你就不要再说下去，无论你认为下面要讲的内容有多重要或多有趣。

（七）忌叙述一件事时牵扯到其他事

当你说一件事时，不可牵扯到其他事。否则容易说漏了嘴，说了不该说的事，或者将原本的好事说"坏"了，还会使别人听了感到不耐烦，有损自己的形象。

有的人在说事情时习惯牵扯其他事情，其原因是担心对方听不明白，又要显示出自己说话的水平，故而作一些自以为恰当的比喻，在这种心态下，很容易将事情说乱、说糟。

（八）不要一直讲自己过去的事

这是别人较不愿意听的话，因为别人没有经历过，没有相应方面的感受，况且，一直讲自己以前的经历，用的时间往往较长，有的人还要求对方耐心听自己讲完，这在别人看来是一件难事。

七、避免祸从口出的六点建议

人要对自己说出的每一句话负责。说出的话有如泼出去的水，永远无法收回。解释，只是用来安慰自己的。

这里提出避免祸从口出的六点建议，供读者参考。

（一）不可老想展现自己的胆识，说出别人不愿意说或不敢说的话

不要将话题引到自己身上来，"如果是我，我将……"等。不要被别人的一句"你尽管大胆说，我不计较"而开口直说。如果你真的说出别人不敢说的，对方最不想听到的话，或超越对方所能够承受的底线的话时，对方原来的承诺往往荡然无存。

（二）不可替别人出所谓的"好主意"

如果别人请教你不好回答的问题，不要回答；你不清楚或不懂的事，不要回答；你认为可以回答的，最后要强调说"这是我个人不成熟的看法，仅供参考"。如果别人没有主动请教你，更不能主动替别人出主意。如果对方与你关系很好，你觉得很有必要对他提醒，一定要选对时机，用对表达方式，把握用词和说话深度，最后也尽量说，"这是我个人不成熟的看法，仅供参考。"

（三）忌说别人的闲话

不要谈论别人的私事，如人事纠纷，或是一些原则方面的事情，甚至是一些与政治相关的话题。

（四）忌在对方讲别人坏话时接下去说

如果A在你面前说B的坏话，你切不可顺着往下说。第一，如果A确实对B很不满，假如你接着A的话头也说B的坏话，被其他人听到，会给自己埋下隐患；也许A在某个时候对别人说出你原来在A的面前说B的那些坏话，结果可想而知。第二，也许A想了解你与B的个人感情关系，故意说B的坏话，以试探你的反应如何。无论是哪一种情况，当别人在你面前说另一个人的坏话时，你最好是沉

默，或转换话头，或找借口离开。

（五）忌乱开别人的玩笑

不要拿别人的瑕疵、忌讳、短处、失误、隐私、痛处、不光彩之事来开玩笑，否则，会引起别人的误解，甚至别人会认为你表面上看似开玩笑，实则是借开玩笑来看不起和欺负自己，对方会认为自己的自尊受到极大的伤害，这样的心态很可怕，会埋下很大的隐患，而你可能还浑然不知。

（六）有时，看透事但不能说透事

有时，看透一件事，确实很难得。如果说破真相，则有可能给自己带来灾难！因此，有些事，看透但不能说透。不要总想证明自己的层次很高，想让别人惊喜，说出一些不该说的话。

不好说的、不能说的话，不说。不好说，但非说不可时，学会说中性的话。不该问的不问。有时候，你的提问会使别人产生误解，惹祸上身。

如果你在听别人说话时，不清楚对方在说什么，或不同意对方的说法，或对方说话内容涉及他人的秘密、隐私等话题，最好保持沉默。

有些话，要永远守口如瓶。通过在别人面前说出自己的隐私、秘密、意图，或者附和、顺从别人等方式来证明自己的善良、真诚和直爽，并妄想以此获得对方对自己的赞扬、信任和重用，换取自己想要的东西的做法，都是最愚蠢和无知的表现。

著名作家海明威说过："我们花了两年学会说话，却要花上六十年来学会闭嘴。"说得很在理。

第五章　学会给自己"修路"

学会做人就是学会给自己"修路"。人与人之间的关系都是相互的,你如何对待别人,别人就会如何对待你。

人必须明白,个人的能力极其有限,不可能遇到任何事情都能自己独自解决,故而你要团结和关心别人,用自己所擅长的去帮助别人。这样,当你需要别人帮助的时候,别人自然会帮助你。一个不会做人的人,是不会得到别人的帮助的。

人还要明白,你拥有的一切,都会随着时间的不断流失而逐渐弱化,你总有一天需要别人的帮助。故而当人顺境时,正是给自己"修路"的大好时机,应学会做人,乐于助人,甘于奉献。人所付出的,表面上是为他人,实则都是在为自己。

须注意的是,学会做人和学会做事,两者不但不矛盾,而且相辅相成。人应先学会做人,后学会做事,在做事当中再学会做人。

学会做人是人的大智慧。

一、人有很多共性

人的个性虽不同,但有很多共性。懂得人的共性,能使自己在做人和处事时,换位思考,将心比心,考虑他人的感受;能注意说话和处事方式、把握分寸,从而提高处事效果。

例如:

◎ 人都有感情,都期望得到爱。

◎ 人都爱美,爱面子,爱听好话,并且希望得到他人的理解和尊重。

◎ 人都有自己的隐私、兴趣或爱好。

◎ 人都有长处和短处。

◎ 人都会有情绪，甚至有控制不了自己的时候。

◎ 人都会有因考虑不周或出现思考盲区而出错的时候。

◎ 人都会遇到自己无法解决的问题，求助于别人的时候。

◎ 人都有累、困、生病的时候，有判断错误的时候。

◎ 人在意的往往是自己欠缺的或想要的，或者是已经拥有的但是还不够稳定的东西。

◎ 人都会自私，只是程度上的不同而已。

◎ 人都会追求利益和需要，只是不同的人对利益和需要的理解层次、取向和行动方式不同。

◎ 人心中的天平并非永远不变等。

二、礼貌、教养

待人接物时的和善、谦恭、诚恳的表现称为有礼貌。教养一般指文化和品德的修养方面。礼貌是教养的表现形式之一。

（一）礼貌是一种保护自己的需要

在人与人交往的过程中，礼貌通过眼神、表情、措辞、语气、肢体动作、衣着等细节反映出来。礼貌很简单，有时仅是一个微笑、一个真诚的眼神或友好的表情、一句话或一个词（您好、请、请坐、谢谢、对不起、没关系、慢走、再见等）；有时是一些不起眼的日常行为，如让茶、让座，或者为客人开车门，或者仅是动动手、跑跑腿而已。从表面上看，礼貌是人人都能做得来的，不过，并非人人都能做得很好。最常见的、最简单的、最容易做到的、最容易被人忽略的就是礼貌。

虽然人的生活条件有优劣，实力有强弱，能力有高低，但是，人的尊严却没有贵贱之别。礼貌待人不分贫富、行业不同和地位高低。

礼貌与对错无关，不能因为自己是对的就可以对他人无礼。

对人有礼，尊重他人，能唤起他人的人性之善；对人无礼，伤害他人，会引发他人的人性之恶。

这里须注意三点：一是当你无意中妨碍别人或者伤害到别人的自尊时，应大胆地、真诚地向对方说一声"对不起"，这不仅是道歉，更是内心忏悔的表现，能很好地减少或化解别人的不良情绪；二是与他人有关之事，完成后，须及时回复对方，及时回复不但是做事过程的最后一个环节，也是对他人的一种尊重；三是虽然有时会出现对熟人无礼的情况，但是不能熟人无度，出格的行为会伤害人、得罪人，无意中树敌，一切的解释，效果甚微。换个角度想一想，若别人对你没礼貌，你感觉如何？将心比心，推己及人，道理自然明白。

（二）有教养是贵人相助的必要条件

有教养是一种亲和力，是人缘的门户；有教养也是团结他人的法宝，是人际交往的绿色通道，是和谐的天使；有教养更是人的性格、人品、心地、心胸和心态的外露。贵人不会去帮助一个没教养的人。

如果你得到别人的帮助时，哪怕在你看来，对方仅是举手之劳，也应道一声"谢谢"，须知，别人帮助你并非理所当然，而是对方的一种美德。此时，你回一声"谢谢"，体现出一种教养，也表达出你的感恩之心，能更好地增进彼此的情谊。

人一旦受到尊重，自尊心得到了满足，一定会想办法回赠的。当然，切不可认为对别人有礼貌，就马上要从对方那里索取什么有价值的东西。另外，如果有人对你没礼貌，也不一定是故意的，也许是无意或表达方式的错误，要学会严以律己、宽以待人。

（三）用对礼貌和教养

礼貌也要有分寸。

对别人有礼貌并非见人就点头哈腰、强装笑脸、低三下四，这样会贬低自己。对人有礼貌不是绝对相信和顺从别人，也不是改变自己做事的原则、突破自己的底线，更不能以伤害自己的人格和尊严，以及牺牲自己的利益为代价去取悦别人。

三、勿将自己的意愿强加给他人

这里讲的"意愿"包括想法、做法和要求等。

（一）不可将自己的想法强加给他人

人的个体不同，品德、性格、心态、心胸、格局、经历、胆量、自制与自律，以及精神理念、思维方式、行为习惯、兴趣与爱好、强项或弱项、做人和处事方式等的发展差别很大。

与他人相处，应当求同存异。在工作中，为了共同的目标和利益，要求团队员工认识一致、步调一致，这是工作的需要。至于工作之外的方面，不能强求别人。

人的个性不同，看事情的角度不同，看法也就不同。即使你的看法是正确的，也不能否定别人与你不同的看法。因此，人不可自以为是，不可以用自己的想法代替别人的想法。任何人都没有资格看不起或排斥那些想法与你不同的人。别人如何说话，如何看事，你无权干涉，这与你无关；也不要对别人指手画脚，否定别人已经决定了或已经做完了的事，这会令人难于接受，令人讨厌。

（二）不强求别人按自己的方式和要求去做事

理由有两点：其一，即使别人的看法与你相同，处事习惯和方式也不一定与你相同；其二，强求别人按自己的方式和要求做事，会影响对方的情绪，干扰对方的思维，打乱对方擅长的做法或已经习惯的行动方式，致使对方无所适从而出错。

（三）对别人的四个"不要以为"

一是不要以为别人的感受、想法或做法会和你一样。

二是不要以为你能改变别人，这根本不可能。

三是不要以为你的善心能拯救别人，也许反而会引火烧身。

四是不要以为你的牺牲能唤醒别人，这样最愚蠢。

总之，人种下的"因"和由此结出的"果"，只能由当事者独自承担。别人都无法帮助改变。人能做的，是改变自己，而非改变他人。

四、尊重小人物，感恩小人物

从理论上来说，人都应该是平等的，没有什么大人物与小人物之别。由于社会的复杂性和残酷性，以及人性的弱点，在很多人的眼里，不同程度上都有着大人物和小人物的概念，只是无法对这两者进行严格的界定。

在这个世界上，小人物占大多数。很多社会财富都是由小人物创造出来的。人们应当尊重小人物，感恩小人物，爱护和帮助小人物。

尺有所短，寸有所长。小人物往往懂得和熟悉生活中极为细小的、底层的事。小人物有小人物的作用。小人物往往能知道大人物不知道但很想知道的事，能做大人物不愿意做或做不到的事。关键时刻，小人物往往能发挥重要的作用。很多高尚的事、了不起的事都是小人物做出来的。

小人物对精神层面的要求很简单，他们只需要人们对自己的存在和劳动成果给予认可，对自己人格给予尊重。切不可看不起小人物，更不能欺负小人物。

人不可估量，人的变化最大。须知，今后出人头地的也许就是那些平时看起来好像没有机会的"苦孩子"或小人物。很多大人物也往往是从小人物开始做起的。"看扁"他人，不仅伤害了他人，也堵死了自己的一条路。

五、不可瞧不起八种人

不可瞧不起和讥笑以下八种人。

◎ 小人物。

◎ 小孩、老人。

◎ 穷人。

◎ 残疾（或有生理瑕疵）人或病人。

◎ 落难、挫折或失败（或失意）的人。

◎ 工作环境恶劣、条件艰苦、所得报酬较低的人。

◎ 没经验、起点低、底子薄或比你弱势的人。

◎ 读书成绩不好的学生，或者是文凭较低的人。

为何不可瞧不起和讥笑这些人？将心比心、换位思考就能明白。

人无贵贱，德有高低。尊重和关爱弱者是在为自己积德，无论他（她）们现在的生存状况有多么糟糕。不要对弱者妄下定论，不要用藐视的眼神、会伤害对方的言语等对待弱者。因为他（她）们会想尽一切办法去奋斗和改变！今天的弱者，可能是明天的强者；今天的失败者，可能是今后的成功者；今天的新手，可能是今后的高手。士别三日，当刮目相看。

过分抬高自己往往和瞧不起别人连在一起。不要以为只是一两句口头语或者玩笑而已，没有那么严重。须知，言语伤害往往是最大的伤害。那种被别人嘲笑、挖苦、揭短甚至谩骂的滋味，那种自尊和人格受到别人侮辱、刺激和伤害的痛苦会使人刻骨铭心一辈子。一有机会，受侮辱者可能会采取相应的方式进行报复！如果是心胸狭窄、嫉妒心重、心理严重失衡的人，一旦认为自己人格受到极大伤害，自己的头抬不起来的时候，可能会采取一般人想象不到的、极端的报复方式，有时其手段极其恶劣残忍！讥笑别人，就是伤害别人，就是在给自己的福报作减法；讥笑别人，就是得罪别人，就像是给自己埋下一颗定时炸弹！

反之，如果你被别人讥笑，要想得开，化不利因素为有利因素，视别人的讥笑为自己发奋向上的动力，以正确的心态激励自己、改变自己，争取早日脱困。如果你想不开，不去改变自己，心里一直想报复对方，这个过程将极为消极和痛苦，而且严重阻碍自己发展前进的步伐。如果采取极端的方式去报复对方，也会伤害到自己。

那种看不起、讥笑弱者，不愿帮助、关爱弱者的人，不值得与他成为朋友。因为，假如你不慎处于低谷时，这种人会毫不留情地走开。

六、学会做人的十条建议

（一）学会与他人相处和沟通

1. 学会与他人相处

以平等的心对待他人、尊重他人，对人有礼貌，给人面子。不高估自己在别人心中的位置，不刻意提高自己在别人心中的位置。

在做人、说话、处事方面，学会换位思考，将心比心。

人与人之间的关系是相互的。一般地，你如何对待别人，别人就会如何对待你。先尊重别人，才能得到别人的尊重；先看得起别人，才能被别人看得起；先帮助别人，才能得到别人的帮助。

列举与他人相处的八个注意事项。

◎了解别人的个性，用对与别人相处的方式。不说别人欠缺的、不顺心的、不愿提及的话题。

◎保持适当的距离，不干预别人的生活，亲密有度。

◎摆正自己的位置，不卑不亢。不居于别人之上；不批评别人；不要为难别人，给别人设置障碍。

◎牢记"七个不能"：尊重别人但不能一味顺从；礼貌待人但不能失去自尊；与人心善但不能糊涂；对人诚信但不能没有前提；信任别人但不能无度；接受别人但不能失去原则；原谅别人但不能使其免于承担责任。

◎对心术不正的人"五不"：不要相信其言；不要与之结怨；不要与之亲近；不要与之斗气；不要受其恩惠。

◎在他人之上时，尊重他人；在他人之下时，要有自尊。

◎不可将工作上意见的分歧发展成个人之间的恩怨。

◎不要将自己不喜欢的东西主动送给别人。

2. 学会与别人沟通

与别人沟通的方式很多，如聊天，参与活动，打招呼。

学会与别人沟通的好处至少有以下四点。

◎ 能更好地与别人互相了解。

◎ 沟通是一种倾诉，是释放、调整身心的好办法。

◎ 沟通是相互学习的过程。

◎ 在沟通中可以识人，在沟通中可以培养和巩固与他人的感情。

与人沟通时须注意三点：一是沟通的对象是人品好、有良好的性格和心态的人；二是沟通要以真诚、尊重别人为前提；三是沟通中应注意自己说话的表达方式。

（二）诚信、谦虚、守时

诚信是人的一种德行和准则，也是做人、奋斗和成家立业的资本。须注意的是，对什么样的人要讲诚信，对什么样的人不能过于信任。

谦虚是团结他人和获取他人帮助的法宝。

守时，是尊重、诚信的体现。

（三）赞美他人

能得到他人的赞美是人生难得的宝贵礼物。因为当别人发出赞美的声音时，外部的一切正能量通过其发出的声音汇集起来，流向赞美的对象。其实，赞美他人也是在成全自己。

赞美他人，在赞美对方中体现出自己认同、欣赏、祝福与支持的态度，会使对方提升自尊，心理上获得自豪感、成功感。对方不但会感受到你对他的好，并且会对你产生亲切感。赞美他人是将正能量传递给对方，利人利己。

赞美他人是既容易又不容易做到的事。容易指的是不受时间、场地、精力、金钱与物质的限制。不易指的是赞美他人时首先自己要有良好的、祝福的心境，善于欣赏他人的优点与长处，能包容他人的弱点和不足，不抬高自己，不嫉妒他人，不揭他人的短处等。

赞美他人应注意以下五点。

◎ 赞美有度。不放大他人的优点，否则显得虚伪。如果不恰当地夸奖他人，会使对方在众人面前显得尴尬。

◎赞美他人之后不可再说出对方的不足，或者向对方提出所谓的好建议，以表明自己的真诚、真心为对方好。这会使对方误认为之前的赞美是虚假的，意在批评和指责。

◎不可用错时机与场合。不要因为夸奖一个人而伤害其他人，比如你夸奖某人的优点恰恰是在场其他人所欠缺的。在众人面前夸奖某个人比只有两个人在一起时夸奖对方的表达难度要高得多。

◎不要在配偶面前赞美另一位熟悉的异性。

◎赞美他人并非阿谀奉承、低三下四、遛须拍马，这样有损自己的人格和尊严。

（四）管好自己的嘴

坚持"八不"：不该说的不说；不该问的不问；不该知道的不要打听；不抢别人的话头；不打断别人说话；不信口开河；不说过头话；不有问必答。

（五）莫贪他人的好处，莫占别人的便宜

不可贪图别人的地位和财富，或者算计别人的优势能给自己带来什么好处。否则，还未贪图到别人的好处时先误了自己，或者反被小人利用和欺骗。

贪婪的人总是错将别人当傻瓜，总想占别人的便宜。通过手段从别人那里得到自己想要的好处，但这都是暂时的、不牢固的，迟早要还给别人，甚至还要付出更大的代价。人不可贪婪。

（六）学会宽容他人

1. 宽容他人

宽容别人的欠缺，原谅他人的无心过失，给犯错误的人台阶下。宽容别人就是给自己解脱，也多了一条路。但是，宽容不等于信任，这个度须把握好。

对别人的要求不能过高。人无完人，要容得下别人的缺点与不足，不能老揪着别人以前的一些过失（过错）不放，用老眼光看人。须知道，士别三日，当刮目相看。

当别人的业务素质和工作能力比自己差时，不过分高要求，不发脾气，不

责怪，要宽以待人。只要他人尽力了都应鼓励，便于今后做得更好。也不要强求别人一定做得比自己更好，将心比心。

2. 得理也要饶人

当你与别人发生纠纷后，你有理，也要饶人。给对方台阶下。这不仅是给对方面子，也是在挽救一个人，给对方改正和补救的机会，而不是把对方给"将死"。

得理应饶人，得理时更要理智和冷静。切不可说话毫不留情，揭人家的伤疤，暴露人家的隐私，刺到人家的痛处。否则，容易将对方逼急了做出不利于自己的极端事情来。这样说来，得理饶人也是一种自保的需要。

这里还要注意两点：一是得理饶人不是让对方免于追责，而是让对方明白自己的错误，给对方为自己错误买单的机会；二是正确把握好得理饶人的度。若是涉及法纪、原则、底线的事，须另当别论。

（七）不可逞强，不可脱离集体

集体的力量是强大的。再强的人都不能离开集体，一旦离开集体，就变相地孤立了自己，变得什么都不是，况且，一个集体不会因为缺少某个人而垮掉。在一部"动物与自然"题材的电视剧里，一头成年母象因离开象群，最后成为一群狮子的盘中餐。因此，人要学会"合群"，让别人接受自己。与别人较劲更是在内耗自己。有一句话讲得好：什么都不输给别人的人最后输掉的是自己的健康。

（八）求人

一般来说，不要事事求人，尽量减少给别人造成麻烦。但是，当重要的事情需要别人帮忙时，就要大胆去求人。求人时，要真诚、礼貌，要放下架子，这是尊重而不是自卑。

求人的最好时机是当人家心情好的时候。

当对方心有余而力不足时，不抱怨别人；当对方不愿帮自己时，不要记恨别人。

求人时须有诚意，态度端正，表现得体。不可既需要别人的帮忙，表面又装出不怎么急或不怎么重要的样子，诱导别人说出来或主动来帮忙自己。或者为了让对方能看重自己，给自己办事带来方便，说话时，言语间有意无意地透露出自己的强项，或是介绍自己引以为豪的过去，或是展示自己很好的家庭背景和社会关系，或是倚老卖老等。殊不知，这样反而会让对方听后感到不愉悦。

求人时应读懂对方的回应。当我们求他（她）帮忙时，若对方回应时显得"不耐烦"，或用极为简短甚至不怎么好听的言语来应答，我们应当这样想：对方这样表现必有原因，也许人家早就要帮我们的忙，当时很忙不便多说；或者是个性原因，对方说话的方式就是如此；或者有其他人在场，故意这样回应等。事后再找另外的时间沟通。生活中还会出现这样的情况，求朋友帮忙时，对方内心是要鼎力相助的，却用反向表达，表面上"大骂一通"。若对方言语特别客气婉转，但不断转移话题和注意力，或拖延时间，说明对方很难提供帮助。

当你有求于别人时，得做好对方对你说话"不客气"的思想准备。不可有求于别人，又要求别人对你说话的语气能使你听后非常满意。

这里还要注意两点。

◎求别人时，不可要求别人对你一帮到底。好比求别人将自己渡过河后，又要求对方扶你下船。

◎不向小人求助，因为小人的"胃口"很大。也许他们在帮你"小忙"之后，会找时机求你帮"大忙"，有些甚至是有违背原则的"大忙"，这样，你要拒绝的难度就大了。

反之，如果别人求你时，不可不耐烦，不要瞧不起别人，我们也有求人的时候，被人求总比求别人好。当你决定提供帮助而且有较大把握时，也不能许诺过度；当把握不大，或不能提供帮助时，要注意语言上的表述，否则，容易得罪人。当然，在不违反原则的前提下，能成全就尽量成全别人。多帮一个人，多留一条路。如果别人求你的事不合情理，会违反原则和底线，则应学会慎思、学会拒绝，因为，帮错了人或帮错了事可能会引火烧身。

（九）学会感恩和报恩

感恩可以提高自己的正气场，增强正能量。感恩在心，报恩于行。报恩不是一次的还情答谢。报恩不论大小和多少，当尽力而为。古人说，滴水之恩当涌泉相报。要记在心里，寻找一切机会报恩。

有一篇文章里列举了十大感恩对象：天地呵护之恩；父母养育之恩；良师培养之恩；贵人提携之恩；智者指点之恩；危难救急之恩；绿叶烘托之恩；夫妻体贴之恩；兄弟（姐妹）手足之恩；相遇相知之恩。

这里要作以下五点补充。特别是要感恩献身科学、为人类和社会作出贡献的人；感恩为祖国的强盛、为保卫我们的家园、维护社会稳定，奋斗在危险第一线甚至付出生命的人；感恩为建设我们共同美好的家园，远离家乡，长年累月奋战在最艰苦的地区，做最艰苦的工作，默默无闻，甘愿付出自己一切的人；感恩为我们提供生存所依赖的粮食的农民，没有他们，我们都无法生存；感恩对你亲人有恩的人。

人在懂得感恩的那一瞬间，是多么幸福和快乐！人要好好珍惜这些来之不易的幸福，并且将这些爱牢记在心。心中永远祝愿以上十五个方面的人一生平安健康！幸福快乐！万事如意！阖家欢乐！利用一切机会，以言助、力助、物助等方式，报答以上对自己和家人有恩的恩人。同时，要将感恩之心，转化为报答社会的行动：多做好事，帮助那些需要得到别人帮助的人。

这里还要提醒，远离五种不会感恩的人：骄傲狂妄的人；自私自利的人；金钱至上的人；总想占别人便宜的人；无情无义的人。

（十）人在顺境时须理智，逆境时须坚强

人在顺境或得意之时容易头脑发热、放大自己的本事，降低或无视现实生存要求和法则，忽略做人，因而人在顺境或得意时很容易犯错误！须知，人在得意之时，难保一生无后顾之忧。人需收敛自己的锋芒，学会珍惜，学会感恩，学会做人，行善积德，这才是可持续发展之道。

人在逆境时看到的往往是眼前的劣势，看不到事物的变化，极易产生畏惧心理，

失去斗志。其实，处于"低谷"时，更要反省自己存在的问题，必须坚强，必须改变自己，才能走出低谷。有一句话讲得好，"不必害怕阴影，它意味着附近有光。"

人的一生一般都会有很多坎，这些坎的高低不一，也不是在人生奋斗的过程中呈等距分布的。人们不知这些坎什么时候会来，是一个一个来还是几个一起来，是一开始就来还是最后才来。因此，不必担心害怕，坎一定会过去的，要相信自己一定有过坎的本能。重要的是人如何识坎和面对，以什么方式过坎。此时，最重要的是学会自强，不要装可怜，不要怨天尤人。别人最不愿帮助那种对自己没信心、失去希望、自暴自弃的人，因为帮得没价值。人们会帮助那种遭受挫折、打击、失败时，能勇敢面对、有坚强的意志、不屈不挠、用实际行动去改变的人，因为他们看到了被帮助者身上的希望。

值得一提的是，生活往往会用特定的方式去考验正处于某种特殊状态下的人们。机遇也会在人们觉得最艰苦的时候到来。因此，人在逆境的时候，不可沮丧，应学会坚强，以发展的眼光看待自己，学会寻找和发现改变自己的机会。这个过程比人在顺境时还要困难。

七、贵人愿意帮助什么样的人

（一）选对"重要他人"

"重要他人"是一个心理学名词，意思是在一个人心理和人格形成的过程中，起到巨大的影响甚至是决定性作用的人物。

一般地，能给你带来乐观、自信、激励、正能量，以及给予你积极向上、不畏挫折、战胜困难的信心和勇气，给你树立正气和榜样，引导你认识自己、做人处事、保持理智等的人都是"重要他人"。

在每一个人的成长过程中，总会不知不觉、或多或少地受到他人这样或那样的影响。"重要他人"对每个人的影响是深远的，它影响一个人的心理、思维、观念、价值取向、需要、选择、处事方式、说话的表达方式等。它影响一个人现在和将来的发展。

人不可选错"重要他人"。有的人有一定的成就和耀眼的光环，有很多令人羡慕的东西，这些东西在精神上、物质上的优势会有很强的吸引性，不过，他们的性格、观念、取向、心理承受力、心胸、心态、看问题的角度、分析问题的思维等不见得完全适合你，不一定是你的"重要他人"。

偶像和名人不一定是你的"重要他人"，因为这些人离你的生活太远。

学会识别和发现"重要他人"，跟紧他（她），很重要。

（二）贵人相助会使人有跨越性的进步

"贵人"包含于"重要他人"之中，是非常重要和特殊的"重要他人"。"贵人"在"重要他人"中的重要性和特殊作用至少体现在以下三点。

◎主动性。主动帮你，不求回报。如与你一起分享体会、经验与教训，愿意向你提供有价值的信息，或者提供给你机会和平台。

◎关键性。帮你渡过坎。当你人生遇到挫折、低谷的时候给你勇气；当你盲目、困惑的时候给你点拨；当你面对选择徘徊不定的时候给你指明正确的方向。

◎及时性。例如，发现你出现偏差时能及时给予提醒。

贵人喜欢帮助具有以下好品质的人。

◎ 五有：有善心、有教养、有诚信、有担当、有上进精神的人。

◎ 五会：会感恩、会助人、会敬业、会自律、会尊重他人的人。

◎ 十不：不贪婪、不虚伪、不骄傲、不自私、不势利、不小心眼、不嫉妒他人、不见利忘义、不占别人便宜、不背后说别人坏话的人。

◎ 具有积极的心态和良好的心理承受力，成功不狂妄骄傲，失败不自暴自弃的人。

◎ 有积极表现，如好学、肯动手、手脚勤快、不怕脏、能吃苦的人。

须提醒的是，不要以为遇到贵人或伯乐就会让你一生无忧了，实际行动还是要靠自己，对贵人的要求不能太高、太多，心不能太贪。

（三）"点亮"自己，让贵人发现到你、愿意帮你

现实生活中会有你的贵人，他（她）们不分年龄、性别、行业和贫富。实

际生活中,你不知道自己的贵人是谁,在哪里,何时会出现,往往是贵人在寻找需要得到帮助的人。如何让贵人发现你、愿意帮你?人唯有在修行中聚集正能量,在感恩中感召正能量,在奉献中"点亮"自己的正能量,才能让贵人发现到你。

人的正能量越强,所发出的光彩越绚丽、越鲜艳耀眼,贵人才更容易发现你、愿意帮助你。

八、熟人,圈子

(一)熟人

人平时的学习、工作、处事、交友,绝大部分都是在熟人圈里。在熟人当中,有不同行业、不同观念、不同性格、不同修养、不同习惯与爱好、不同社会关系和家庭背景、不同的忌讳等各种各样的人。现实生活中,不少人与别人发生矛盾、纠纷等几乎都发生在熟人之间。因此,人须学会与熟人相处,减少与熟人发生矛盾。

1. 明白自己与熟人之间的界限,保持一定的距离

如,话可以说到什么程度;处事应把握哪些分寸;合作必须履行什么必要的程序;帮人或求人应注意哪些事项。

2. 重视与熟人交往时的表达方式

有的人,在与熟人说话时比与生疏的人说话时会多出现很多失误,说话不加思考,想说就说,不看时机与场合、不在意对方的情绪等,结果往往说错话,或者伤害到对方、让对方误解,给自己带来很多不必要的麻烦。

3. 用对"熟人无礼"

熟人无礼,指对熟人的礼节不必像对初次见面的人一样,一些客套话无须多说,否则就显得疏远。在处理与熟人的一些关系时,难免有不够得体的地方,也要取得对方的谅解。对熟人"无礼"还是要有个度,要注意时机与场合,如果对方很不开心,你的某种不拘小节会使对方生气。有的人,与已经有相当地位的同学相遇打招呼时,当着很多人面直呼其小名或别名,以显示自己与对方的亲密度,这是一种贬低对方,抬高自己的虚荣心态,对方往往会觉得自己在众人面前没面子。在这种场合下，还是按常规礼节称呼，若只有彼此两位在场，你直呼同学的姓名甚至是别称也许没多大问题，反而更亲切。很多熟人、朋友、同事、亲人之间的误解和矛盾，往往是人们把握不好感情的度而引起的。

熟人乃至朋友、亲人等，他（她）们都有自己的人格与尊严。要考虑他人的感受，尽量避免无意中伤害到别人，否则，辛辛苦苦经营多年的人脉，不知不觉地被自己搞坏了。换个角度，别人经常用同样错误的方式对待你，自己感受如何，心里就明白了。

遇到熟人、同事、亲友，找你办事时不可因熟人而忽视礼节，这样会冷落对方，还可能引起对方对你的误解。如果别人帮助了你，也要道一声谢谢！以表达自己的感激之情。对原则的事、大事，则不能含糊。

父母、爱人、子女等是另一个生活层面。礼，是一种爱的表达，经常"无礼"，亲情就会有隔阂。人真正需要的是别人对自己有礼和有度。

（二）"圈子"

人有工作圈、生意圈、生活圈等，这些圈子有交集，如有的朋友既是工作圈也是生活圈的人。

1. 人要会建立多个不同类别的"圈子"

生活是多方面的。不可整天只沉浸在自己所熟悉的领域里，一辈子只和同行交往，不接触其他行业的人。应该拓宽原有圈子，接触更多不同行业、不同性格和不同特长的人，他们的经验、信息和人脉等会给你带来不少的帮助，他们的观念、分析观察问题的角度、思维方式、处事方式可能会给你带来很大的启发。

2. 虚心向"圈子"中优秀的人学习

"圈子"对人的影响很大，有时甚至会影响人的观念、分析事物的思维，左右着处事的取向和决定。因此，人应学会在"圈子"寻找那些能给自己带来正能量的人，虚心向他们学习，促使自己更快、更好地成长。

虽然什么样的"圈子"很重要，但是，强行去融入"圈子"也不好，重要的是先扎实做好自己该做的事，提升自己的实力，品位和格局。

3. 不可将自己"圈死"

人很多生活上的事情,一般都与自己"圈子"里的人互相传递、互相交流,如在信息交流、资源互惠方面;但人的观念、导向、选择等也需要留意来自圈外的人对自己的影响,特别是在获取信息方面,要挣脱"圈子"的束缚。例如你是推销员或是酒店的服务员,你天天都会遇到很多生面孔,只要你留心、礼貌、真心对人,也会听到很多有用的信息、学到知识,有时会让你有意想不到的收获。

做事不能以是否得到"圈子"里的人认可为基准来决定要不要去做,而是自己决定该不该去做。

还应注意的是,在处理重大事情时,不可把"圈子"中你认为最崇拜、最优秀的人的理念、处事方式等作为自己的参照标准。要用自己的头脑,加以思考;明白自己的实际情况,懂得权衡。不可盲目跟随,生搬硬套。

第六章　做　事

人的一生都在做事情。生活中，人往往有好想法，但不一定能做好事情；人虽会做事，但结果不一定能做对。因此，学会做事，并且将事做好、做对，是一个需要长期学习和研究的重要课题。

做事，始终应把握好以下五个大方面。

◎遵循正道、遵纪守法；有责任、有担当。

◎安全与健康第一。

◎取向正确、计划周密、行动合理。

◎选对事、选对人、选对时机。

◎人的状态是做一切事情成败的关键因素。

一、人的状态

（一）人的状态的具体内容

人的状态指以下两大方面。

◎身体状态，指身体各项机能的状况。如精力是否充沛、精神是否饱满、行动是否敏捷。

如果人身体疲惫，做事的失误率会高。当人疲惫时，切不可做重大决定。应先休息，等体力恢复，有良好的精神状态后再行动。如果你觉得最近做事常有不顺，或者经常在不该错的地方出错，说明最近一个时期自己的精神状态不佳。此时不要做大事，不要做重大决定；能拖的尽量拖后一些，不要急。

◎心理状态，指心理活动在一定时间内的特征。如头脑是否清醒、心态是否正确、情绪是否稳定、是否自信、是否有胆量。

（二）人的身体状态和心理状态会影响情绪

如果人做事时情绪不好，即使做事前各方面考虑得很周到，准备得很充分，都会被不好的情绪冲刷得干干净净。最终呈现的效果很差，甚至会做出无知、糊涂、偏激或令人意想不到的荒唐事来。

人在情绪激动时，一切行为均以当时的主观情感为主，疏于对利弊的权衡，往往只逞一时之勇而做出极端的事或不当的决定。人情绪和状态不好的时候，判断力是靠不住的。有智慧的人，都会沉着冷静思考，清楚地知道，什么时间该做什么，什么时间不该做什么。

如果人的身体状态和心理状态好，谋事、做事就能做到神形合一、得心应手，有胆量，放得开，失误率极低。

因此，一定要在精力充沛、头脑清醒和情绪稳定之时才能做出决定和行动。如果心生怯意、心慌、心跳加速，手抖、脚软，身体不适，或者突然出现反常现象，心情沮丧等，这些情况是一种提醒，就说明现在做此事的自身条件和时机可能不适宜，应立即暂停，另选时间。这样大多可以使自己避免出现严重的错误。

一般来说，状态不好的时候须退守、暂停，调理自己的身心；状态好的时候可以大胆、放开去做。

这里还要提醒的是，人在早晨起床后和午休后的一段时间内，头脑还不够清醒、注意力还不够集中、思维还不够敏捷。此时若遇到事情，很容易误判，轻信他人，或草率做出决定而出错。因此，在这段时间里，遇事更须小心，处事时不能急，尽量不要作任何重大决定。

二、做事过程中的六个重要环节

（一）决策确定方向，细节决定成败

决策决定方向，若方向错了，越坚持损失就越大。

决策需靠很多细节来完成。20世纪世界著名建筑师密斯·凡·德罗说过一句名言："魔鬼在细节。"有时候，往往是一件小事改变了人的一生。在有关"人"

的方面,细节往往装不了,细节往往是人性的显露。在有关"事"的方面,若不能在策略上有突破,那就在细节上下功夫。

这里须补充两点。

◎细节有主次之分。在平时生活中也有不少的次要细节,这些次要细节是构成人们生活的必不可少的因素。不必一谈到细节就草木皆兵、提心吊胆、紧张焦虑。关键的是要如何从众多的细节中筛选出重要的细节。

◎如果做事情的方向正确,效果却始终不尽如人意,原因往往是自己在细节方面出问题,大致有两种可能:也许是在一些细节上做不到位,也许是在一些细节的理解上、操作上存在错误。

注重细节能使人减少挫折、失败,1%的疏忽,可能导致100%的失败。重视策略,跟踪过程,注重每一个细节。着眼于远处,着想于大处,着手于小处。

(二)原则、底线、规程、分寸

1. 原则

原则是人说话、行事等所立下的准则。生活中人们处事原则的变化往往受到心态、情绪、定力的影响。

生活中,有些事不一定那么呆板,但这要看什么事。例如,一切经济来往项目必须有文字立据和签名,这是原则。举个例子,当你很要好的朋友向你借钱时你愿意借给他,对方要不要写欠条?一般来说,如果你觉得这对于你来说是很大的一笔数目,那就要让对方先写下欠条。正常情况下,写借条应是向你借款一方先有的举动,如果对方不写,那不符合情理,你可以不借,因为数目太大,不要被所谓的"感情"所误。事与情分开说清,才反而不会伤感情,否则,就是糊涂无知。

须注意的是,不要将原则给定歪了。如果原则定歪了,以后所做的一切都是无效和错的。

保持理智、冷静的头脑,遵守正确的原则是消除隐患的有效办法。

2. 底线

底线就是人对任何事情的最大容忍度。底线不能超越!一旦超越,那只能自己去面对和承担。

3. 规程

规程也是人们经过长期的实践、付出很多的努力和代价总结出来的一种做事的规范流程，整个规程中的每一个条款、细节和要求都有实际意义。人为的麻痹、忽略、粗心、偷懒、想当然等，都会埋下隐患甚至直接引发严重事故！特别是使用"一定""严禁""必须"等词表示强调的条款，一定要严格遵守，严格执行，以防万一。

4. 分寸

物极必反，适可而止。把握做事的分寸，给自己留有余地。一般来说，把握好分寸指当事者要始终保持不贪、冷静、理智的头脑，保持良好的心态和稳定的情绪。这不是蜻蜓点水，不是停于表面，不是轻描淡写，不是拘束；而是一种"饭足而不涨、肚饱而不撑"的感觉。如果你经商，请记住：没有永远的好，不能等到最后，见七、八分好就收。

（三）布置、检查和落实

1. 布置

特别是领导者，布置工作任务时先要考虑以下五个方面。

◎ 什么人做什么事最合适。

◎ 任务分工是否明确。

◎ 接受任务者是否真正明白工作目的、要求、注意事项及可能出现的种种情况和应变措施；接受任务者有什么疑问、顾虑和困难，以及如何解决。

◎ 布置者对重要的细节和要求须重复强调，并要求执行者对有关重要事项当场复述核对（时间、地点、数字、要求，注意事项等），以防漏听、听错或理解错其中的一些重要的要求。

◎ 提高团队全体成员正确的、统一的思想认识，从大局出发，团结一致，积极配合，发挥他们的聪明才智，尽心尽力。

2. 检查和落实

在具体做事的过程中，由于主、客观因素的不断变化，难免会出现各种各样的问题。为了避免偏差，防止事故的发生，领导者还要经常到现场去了解具体情况，及时发现问题和解决问题，这非常重要，故须注意以下四点。

◎ 实施者有没有按照要求，遵守操作规程。

◎ 客观因素是否造成特殊或意想不到的变化。

◎ 事情本身有没有出现异常现象，若出现了该怎么办。

◎ 经常过问、提醒、监督、检查。

注意，事情将要结束时，更应小心。行百里者半九十，最后百分之十的难度更大。将要结束时人的体力、精力已经消耗很多很疲惫，思想上也会松弛。此时最会使人产生麻痹思想，因疏忽大意而功亏一篑！

做好一件事情的思路和办法有很多，做不好一件事情的可能因素也有很多，而毁掉一件事情的错误只需一种。无论在计划、准备、布置等方面做得多好、多完整，最后最关键的是人去执行。人在做事过程中的执行情况，涉及人的认识、情绪、心态、精神、体力、领悟力、细致程度、遵规程度、检查力度、尽责尽力程度等方面，变数最大。一步错则满盘皆输！切记之。

现实的残酷性在于：现实中没有"如果"，也不可能"分步得分"；现实不在意过程，只承认最后的结果。

（四）主次、顺序、速度

1. 主次

人做事应分清主次，养成"做大事，不搭便车"的处事风格和习惯。人们在做大事、重要之事时，有时会遇到可以顺便完成的其他小事。是应该顺手完成，还是先不管其他小事？一般来说，如果这个小事完成的时间极短，只是片刻之间，很简单，不怎么干扰我们的注意力和精力，可以考虑顺手解决；如果用时较长，或者需要花费一定的精力，那么就不要放着大事去做小事，这样会对大事产生干扰（如时间、精力或情绪方面），容易因小误大。人往往会对摆在眼前的、直接可以完成的事，不自主地去做，这样很容易干扰、耽误大事。因此，人处事时应先"主"后"次"。

有时候，在若干个主要矛盾中很难区别出主次，应根据实际情况而定。笔者看过一部描写战争的影视片，一位老狙击手在教一位新狙击手时说，要成为一名真正合格的狙击手，必须符合三个条件：第一，有高超的、精确的射击本领；第二，善于伪装和欺骗，在敌人看不见你时你却能看见敌人；第三，沉着、冷静。

实际上，这三个条件都很重要，没有严格的主次之分，应视具体情况而定。任何一个条件出错，狙击手都会遭遇灭顶之灾！当人在扣动扳机的瞬间，重点和关键是上述第一点。如果在等待时，关键是第二、第三点。

2. 顺序

顺序反映人对事情认识、关注的轻重。如学习的顺序、讲话的顺序、操作的顺序、办事的顺序。待人接物也都有顺序。事物的发展有其一定的自然规律，符合事物发展变化的规律和需要的顺序是正确的，反之是错误的。研究顺序是一种学习，运用顺序是一种艺术。有时候，事情最终发展的好坏往往是顺序的问题。一般来说，事情的权重决定主次，主次决定顺序。重要的环节、急需解决的问题、有时间限制的事情必须先做。

3. 速度

人都想快点将事情做好。然而，做事能否快速，取决于相关条件是否成熟具备，以及操作过程的熟练程度、思维的敏捷性和身心状态等因素。若做事单方面过于求快，往往会违背客观实际要求，破坏客观规律，打乱原定计划，删除必要细节，粗枝大叶，忽略征兆等，埋下多方隐患。

反之，若太慢，拖拖拉拉，没有在规定的时间完成，错过既定的时间，效果就大打折扣；或者开始慢吞吞，等到时间很紧迫时才匆忙加班加点，往往顾此失彼，造成失误。

做事过程中，必须把握好速度、效果、代价三个方面的关系，权衡利弊，用对是目的。

（五）方式、方法

1. 方式

人的一切活动，都有方式，都是方式。

做事情，方式很重要。正确的想法，还要用对行动方式。"方式"要符合自然规律，符合事物发展变化的需要，符合人的需要。人做事时，用对方式才会顺利，用错方式容易将好事搞砸。善于研究和用好方式的表现艺术，是人成熟和成功的标志之一。

方式本身没有好坏，不同的人表现出来的处事方式往往差别极大。虽然方式本身不是事情的本质；但是，方式在很大程度上会影响事情的变化、发展，以及人的情绪，甚至会推动事情发生质的变化。因为方式包含太多人为主观因素。特别是在教育、领导等方面，往往需注入一定情感方面的因素，使之能更好地提高参与者的认同感和参与的热情，处事才能更加得心应手，事半功倍。

2. 方法

方法包含于方式之中。方式是思路，具有指导性；方法是具体行动的做法。方式和方法都是目的的需要，都服务于目的。

一件事情，相同的处事方式，不同的人，有不同的具体做法，不能否定与你的做法不同的人。

（六）"一步到位"与"留有余地"

做事既要有一步到位又要有留有余地的思想，两者并不矛盾。前者指尽全力把事情做完整，不要留有"尾巴"；后者指做事要考虑事情的多样性、变化性、发展性，要有适当的超前意识，给今后留下一定的发展空间。

这里再提出处事的五点注意事项，供读者参考。

1. 机遇往往不会留在最后，而是隐约出现在途中

如果你认为必须做的事情，在你认为还未到最有利的时候就要下手，不可拖延等待，这样才能抓住机遇。不能太贪，太贪婪的人会失去机遇。

2. 熟悉而不大意，生疏而不焦虑

熟悉给人以经验，知道从何入手，人们会自信、大胆，做事迅速，效率高。熟悉也存在不利的一面，它会使人的思维单一，产生思维定式，做事呆板，面对新的情况变化时一筹莫展。熟悉还会使人骄傲、麻痹大意、粗枝大叶，有时甚至是疏于细节，人为省略或违反操作规程，造成在不该出错的地方出错。人们在做事前必须清醒地认识到熟悉所带来的不利一面，消除熟悉的负面作用。

生疏的劣势比较突出，它使人心里没底、茫然，处事一时不知从何下手，找不到门道，因而产生担心和出现紧张；或者认为别人比自己知道得多、比自己有经验，因而盲目问别人，随意采纳别人的意见。然而，生疏也隐含着积极的一面，它会引起人们的高度重视，认真学习、注重细节、充分准备、小心应对、留有余地。人常常会碰到生疏的事，对此，应当大胆面对，不害怕，不焦虑，不慌不择路，应当尽快熟悉情况，适当提前行动时间，虚心求教别人，问对人很重要。

复杂的事情分段做；重复的事情耐心做；重要的事情专心做；简单的事情细心做；熟悉的事情小心做；生疏的事情不急做。

3. 任何人都不可能百分之百准确地预测事情的发展和变化

当遇到不可预测因素出现时，具体行动就不一定按原来的方案进行，得见机行事，做出相应的改变。做事时，人必须有一种"也许会出现其他新的情况"的思想准备。这样，当实际与原来预设的方案不符或相矛盾时，才能从容应变，避免出现焦急万分、手忙脚乱的状况，以致错误百出。

4. 周密计划不等于不会出问题

即使你计划得很周密，也应注重检查，排除隐患，理由很简单：一是客观因素每时每刻都在变；二是人的因素都在变；三是人非完人，百密必有一疏。

5. 若做事过程中出现问题，并非坏事

若做事过程中出现问题，应暂停，查找原因而改之，或者及时放弃之。

三、"拖法"和"完美"

（一）"拖法"

大事，不明朗之事，无把握的事，拿不定主意的事，不要稀里糊涂下决定，因为这时候最容易因被误导而误判。等一等，再进一步了解、学习、思考、分析和比较，一定要到条件成熟时才下决定，这样，成功的可能性就大了，这就是"拖法"。特别是老实人，胆小的人，呆板、糊涂、固执的人，"拖"的时间相对要比别人长一些。不过须注意，事物都有其两面性，用错"拖法"也会出问题。弄不好会错过时机，甚至失去机遇。

有些事，应学会等一等。太急办不好事，会留下"尾巴"和隐患。事情完成后，若还未到最后期限，不要急于上交，暂时放一放，尽可能再等一等，对事情的完成情况再检查一下，也许会福至心灵，想出一些更好的办法，做一些补充和修改，使事情的结果更加准确圆满。好比做馒头，和面后等一段时间再蒸，做成的馒头又香、又大、又好吃。

有些事应学会暂停。在做事的过程中，难免会碰到困难和无法做下去的时候，这时最好先暂停。如果勉强继续做下去，会搞得自己的心智越来越乱，身心疲惫，越做越糟。对于一些难事，暂停可以使人养精蓄锐，重振精神。在暂停中反思，在暂停中改变思考问题的角度，或者云请教他人。这样可以取得更好的效果。

（二）"完美"

1. 一切作品，都在追求完美的过程中升值

事物要靠细心打磨，从不同的角度观察、调整、修补和完善，使之趋于完美。打磨之处在细节，有的虽然就是那么一点点，却事关大局，甚至是整个作品的灵魂。需打磨的细节往往是人们想不到的地方，或是因为司空见惯而没有引起人们注意的地方。打磨的可贵之处是细心和执着。细心才能有发现，执着才能不厌其烦。细心雕琢，方成精品。没有经过打磨的作品是粗糙的、不成熟的和没品位的。

做事打磨不是麻烦。也许在头脑简单、做事急躁、只重视做事速度的人看来，打磨只是一般性的检查而已；而在思想成熟、处事稳重、重视提升"作品"品位的人看来，打磨，是一道必要的程序。只有在打磨中"瘦身"，同时在打磨中注入新的"元素"，才能提升"作品"的价值。

2. 世上万物，不可能十分完美

完美是人对事物的愿望和理想值，追求完美是人的天性。这里须做以下三点提醒。

◎ 人在追求完美的同时，应注重自省，避免在学习方面因过度追求完美，造成在问题的理解上和行动方式上出现偏差；避免在处事方面因过度追求完美而

产生较大的心理压力，或者因考虑的因素过多而舍本逐末，结果事倍功半。

◎ 世上万物，不可能十分完美。完美没有统一的、绝对的标准。完美是相对的、有时空性的，是暂时的。今天的完美可能是明天的不完美。不完美是促进事物发展进步的最根本因素之一。完美是不完美的一部分，正如直存在于曲中的道理一样。人要有正确的心态，接受现实的不完美，接纳别人的不完美，这样自己才不会孤独。不可自己都不完美，却要求别人完美。

◎ 天赋再高、能力和实力再强、再优秀的人，都有弱点与短处，都会有七情六欲，都会有情绪，都会有考虑不周、判断和选择错误的时候。因此，人应接受自己的不完美，只要自己尽力了，其余听天由命，无需顾虑太多。不过还要强调的是，做事情时，不能以"事物不可能达到十全十美"为自己的怕烦怕苦思想辩解，为自己粗心大意、马虎应对而引起的错误开脱。

四、"土办法"

一般来说，非做不可，但很多客观条件又不具备，或按常规办法都无法行得通，在此情况下，人们自然会想到用所谓的"土办法"。虽然所用的"土办法"没有原来人们预想的那么好，有时还具有一定的不稳定性或冒险性，但这往往是在不得已的情况下所采取的临时应对办法，别小看它。

"土办法"不是自己想当然、乱猜乱套，而是利用现有的简陋条件，采取一定的方式替代的一种办法。这就叫因陋就简。它集辩证分析、判断、比较、权衡、取舍、替代、灵活、快速等多方面为一体。人往往会遇到用"土办法"的时候，人们必须有会想、会用"土办法"的能力。当然，"土办法"也有它的局限性，多数只用在解决燃眉之急的时候，不能常规使用。

要说明的是，"土办法"与"临时抱佛脚"有着本质上的区别。"土办法"是人在紧急事件中因为原有的条件不够，而本能地、实事求是地、灵活地用其他条件替代的一种临时办法；而"临时抱佛脚"一般指平时不用功、没有准备，当突然需要时因来不及做更充分的准备而临时匆忙应付的做法。

五、用好"奥卡姆剃刀"原理

"奥卡姆剃刀"的原理是"如无必要,勿增实体"。也可说成是"简单有效原理"。实际上,把事情变复杂很简单,把事情变简单很复杂。我们在优化自己处事过程的时候,要抓住实质,简化流程,用"奥卡姆剃刀"来清理一些没必要的累赘。"让事情保持简单"是应对复杂烦琐之事的最有效方式之一。亚里士多德曾说过,"自然界选择最短的道路。"在制订计划时,尽量使做事过程可操作、简单易记。一个复杂的计划不但难以操作,而且中间环节越多,麻烦就越多。这些麻烦制造了很多不利的因素,严重影响、干扰了人们的正确思路,耽误了人们做事的时间,降低了人们做事的速度,吞噬了很多正确的、有用的信息,破坏了重要环节之间的协调,导致出错的可能性变大。

又如,做一件事,不是人越多越好,人多了,反而相互推诿。做事时,不要让无关的人知道太多,也不要将人家硬拉进来。一个问题能用一句话表达清楚的,无须再重复或拓展。一件事,能直接做的,绝不要绕来绕去,否则是多此一举,给自己造成不必要的麻烦。

这里须提醒的是,处事简单的体现是操作简便、实用、成本低。前提是头脑清醒,抓住问题的主要矛盾,做好权衡,把握好度,重视处事的对象、时机、场合、方式等四个重要因素,而不是省略一些必要的细节。

第七章　防患于未然

生活中，一切事物都在不断地变化，无法预测之事很多，故而人在处事时须未雨绸缪，提升安全防范意识，最大可能地减少甚至避免事故的发生，确保人的生命和财产的安全。一是提前做好各种准备和预防措施，以应对突发事件（或危险）的发生；二是在主观上，学会最大限度地杜绝人为方面可能埋下的安全隐患；三是重视处事过程中各个环节的检查和落实，注重细节，学会发现隐患或异常之处，将可能出现的事故消灭在萌芽状态。"防患于未然" 涉及面很广，内容很多，本文就安全方面比较突出的几个问题，提出自己的一些看法，不妥之处，敬请读者提出批评指正。

一、隐患

（一）客观因素方面

◎ 客观条件和因素的变化，如机器、物品的老化及其故障。

◎ 他人的很多不可预测的因素。

（二）主观因素方面

◎ 给他人留下可能对自己产生危险的隐患。例如，人出门在外，如果显富，会给自己留下安全隐患。

◎ 自己留下的隐患。如狂妄、贪婪、粗心、侥幸心理、不良习惯。

（三）工作中的人为安全隐患

◎ 看错人、用错人。

◎ 违反操作规程。

◎ 在身心疲惫、精神不佳，或情绪不好之时做决定。

最大可能地消除隐患，它比事后总结教训还要重要得多。人必须养成良好的处事习惯，这是根植于人内心深处、真正属于自己的优秀品质，其会化为一种自然而然的行为，这比只懂道理、不断地提醒自己还更重要、更实用。

（四）"海恩法则"与"墨菲定律"

这是安全领域的两个非常出名的法则，给人以极大的警示。能帮助人们最大程度地避免出错，从细微之处发现问题，并且将隐患消灭于萌芽状态。

1. 海恩法则

它是由德国飞机涡轮机的发明者德国人帕布斯·海恩对多起航空事故深入分析研究后得出的。海恩法则指出：每一起严重事故的背后，必然有29次轻微事故和300起未遂先兆，以及1000起事故隐患。

法则强调两点：一是事故的发生是量积累的结果；二是再好的技术及再完美的规章制度，在实际操作时，都无法消除人自身的素质、责任心和心理因素差异的影响。及时地发现事故征兆和隐患（即使极为细小），并果断采取措施加以控制或消除是避免出现重大事故的关键。

2. 墨菲定律

墨菲定律源自一个名叫"墨菲"的美国上尉，他认为"只要存在发生事故的原因，事故就一定会发生"，而且"不管其可能性多么小，但总会发生，并造成最大可能的损失。"

"海恩法则"和"墨菲定律"说明，事故的发生看似偶然，其实偶然存于必然之中。任何重大事故的发生都有原因，都有一个发展的过程。并且告诫人们，人如果粗心、麻痹、贪婪、懒惰、存在侥幸的心理，无责任心，无良好习惯；或做事时的精神状态不好，情绪低落；那么，隐患将会逐渐生成，事故将会不断地逼近。

二、直觉

直觉是人们无意识的、不受人为因素（如意向或情绪）引导、干扰，隐隐约约地感觉到，又不知何因，用常理无法解释清楚的一种感觉。大自然的一切变化错综复杂。有时，大自然发出一些极为隐蔽的、零散的信息，在还未有机组合形成事件时，被有的人提前捕捉到，却又说不出其中的道理。

有一篇文章中提到：直觉就是人感应宇宙神秘力量的一种方式。笔者认为这种方式来自人大脑深处潜意识的反应。人有直觉感应功能，但是每个人的直觉感应功能层次不大一样。人们的直觉感应功能不一定时刻都开启着，都能感受到大自然的提醒，它取决于自身很多的因素，谁都无法讲透这个道理。

相关资料表明，科学家通过推测，得知宇宙中成分最多的是暗物质和暗能量。它们不发出可见光和其他电磁波，用天文望远镜观测不到。它们能够产生万有引力，对可见的物质产生万有引力，对可见物质产生作用。现在科学研究和分析表明，暗物质约占宇宙物质总和的25%，暗能量约占宇宙能量总和的70%，我们通常可以观测到的普通物质只约占宇宙物质总和的5%。现实中很多不可思议的、非正常的现象，我们现在还不能做出解释，这一点人们须清楚。

如果你在做一件事之前，不知怎么的突然觉得心慌意乱、紧张、害怕、手抖、头脑空白，这大多是一种不好的现象，应对这种不良感觉引起极大的重视。此时，不要找理由，不必问为什么，立即暂停、离开，做出最保险的决定。安全第一，其余都是次要的。人再强，与大自然的力量相比确实是微不足道的，切不可与之较劲，也不可心存侥幸，特别是在自己很顺当，或已达到某一阶段的顶峰时，更不能忘乎所以。

这种感觉有的也许是自己内部的原因，如精神状态不佳、情绪不稳定，或者身体健康方面的问题，或是外界负面因素对自己产生较大干扰。至少说明此时自己内部正气场虚弱，很容易受到外部不良因素的干扰和入侵。应尽快休息，尽量不出远门、不开车、不签订任何文字合同、不做重要决定。

做事时，如果你的第一感觉不好，最好暂停。可以换个时间、场所，改变思维角度，改变处事方式等。不要随意，不要盲从，不要怕不好意思而不敢拒绝，要等自己精力充沛和情绪状态好了再说。总之，若一开始就感觉不好，则不要勉强为之，退避为上。

要说明的是，人既要重视直觉，又不能过于敏感紧张、想入非非、草木皆兵、疑神疑鬼，总觉得哪里都有点不对劲，一切都往坏处想，自己干扰自己的心智，那是很糟糕的事。例如，某人正要去做某件事之前不小心打破了杯子，就认为这属于不好的征兆。如果此时自己正要去做的是一般的事情，可以不要太在意刚才出现的小插曲，只要小心一些，继续去做就行了；如果此时心情确实不好，不管准备去做何事，都暂时缓一缓；如果此时自己正要去做有一定危险或重大的事，建议立即停止。因为不良的前奏在一定程度上说明了人当时状态（精神、心理、情绪）可能确定不够好，在某些方面不尽如人意，带着这种亚状态急着去办大事，确实不妥。

还应注意的是，如果你在做事情之前，心里总在告诫自己必须先做好某种准备或者不能做什么时，一定要遵守，不可临时为了所谓的"方便"，或者别人的干预而糊涂放弃。

三、异常

事情不同于常理发展，不对劲，莫名其妙出现反常现象，这就是异常。异常，就是警告，必须立即锁住这个时间节点，寻找问题和原因，以便采取相应的化解措施。

一切反常皆有因。大自然会通过独特的"语言"——自然现象，向人们发出信息。自然界中的自然现象有时就会通过某种异常向人们提示警告：必须加强安全、健康等防护措施，什么地方不能去，什么事不能做等；或者通过异常向人们发出警告，提示你的思维错了、方向和角度错了、定位错了、时机错了、方式与顺序错了、尺度错了等，必须马上纠正。同样，身体会通过某种不适或疼痛向人们发出健康问题的提醒，提示你应注意休息、查找原因，不可硬扛；机器运行时会通过某种异常向人们发出警告，提示人应及时排查问题，不可无视。

异常是隐患发展成事故之前的提醒，这是极为微妙的。异常的出现，有时没有人注意到，有时只有个别人注意到。由于人们通常无法从异常中看出其与事故间的必然内在联系，或者由于人性的弱点，如怕烦、怕苦、贪念、麻痹粗心、怀揣侥幸心理，或者以种种自我安慰式的理由试图去解释出现的个别不正常情况不会产生什么重大问题，因而这种提醒往往被人们所忽视，导致异常升级转化为事故。

人若存有侥幸心理，漠视异常，逃避问题，则往往会出大问题。

四、小概率事件

一般来说，人做熟悉的或有把握的事，比做不熟悉的或没把握的事的准确率高，然而，准确率高（出错率低）不等于一定不会出错。人们在做事时，正常情况下都首先考虑大多数、普遍性和一般情况，因为这些对象涉及面广。虽然少数的或特殊情况等涉及面小，属于小概率事件，但是这些小概率事件未必不会发生，其作用未必就小。数学上把一定会发生的事件（必然事件）的可能性（概率）看成1，将不可能发生的事件的概率看成0。如果在理论上通过计算得出事件发生的可能性为0.05，很小吧，但要提醒的是，这是理论上得出的数字，实际变化中，一切皆有可能。在特殊条件下，小概率事件也有可能会发生。我们能想到的、看到的，只是一点点而已，很不全面。否则，就没有"意想不到""大吃一惊"，以及"奇迹"等词的出现了。

小概率事件一旦发生，往往会成为两种极端，要么是大福报，要么是大灾难！越大的事，越要重视研究小概率事件，有备无患，防患于未然。

最令人信服和终生难忘的是教训与代价！当付出代价时，为时已晚。现实没有"如果"，只有"结果"。善于发现和消除隐患，最大限度地减少错误，是一个聪明人的基本素质。

"万一"是一种小概率！职位越高的人，责任越大，在谋事、处事时心里必须时时挂着一口"万一"的警钟！

这里做出以下四点提醒。

◎对于小概率事件，人们应当重视学习相关知识，要敢于大胆面对和做好相应的心理准备。既不能排除小概率事件，也不能过于极端，整天钻牛角尖、提心吊胆。

◎人的惰性和麻痹思想会使人产生侥幸心理，这是埋在自己身边的一颗定时炸弹！人要学会权衡利弊，不可为了一时的方便而忽略规则和细节。

◎人有时要搏一搏，或者在不得已时抱着侥幸的心理赌一赌，不过，这只能在走正道的前提下才行。如果是违法违纪、不可为之事，无论其诱惑性有多大，都不能抱有侥幸心理赌一赌，铤而走险而为之，否则，会毁了自己！

◎如果你在做一件事情之前，头脑里突然闪过对某个因素必须引起足够的重视，或者可能出现的某种特殊情况，或者觉得好像在某个地方不太正常，应及时把握住这个时间节点，并且做好三点：一是立即停止；二是调整自己的精神状态，保持清醒和理智；三是查找原因。

第八章　用对知识和经验

生活中，有的人在与别人谈论社会上发生的某个案例时，讲得头头是道，分析得有理有据，推理时逻辑性强，判断上准确无误，论述自己对案件的处理意见时，方法得当、行动迅速、措施有力、重视细节、把握分寸，一副办案高手的样子；然而，当自己遇到事情时，却经常不会辨析现象的是非真假，不会界定事情的大小，惊慌失措，心无主见，情感、思维和理念容易被别人"绑架"，出现种种盲区而做出愚蠢的决定和行动，结果导致严重错误，给自己带来重大损失！事后当自己冷静下来时，才发现自己犯了不该犯的错误，甚至是低级错误，懊悔不已！

这里提出一个很现实的问题：知识和经验，懂是一回事，用对则是另一回事。当人们遇到事情时，最重要的是在第一时间里，会不会运用自己已掌握的知识和经验作出判断，以及能否快速做出正确的决定和找到应对方法。以下就如何用对知识和经验，谈谈自己的一些感悟。

一、经历，经验

（一）经历

经历是人生存和发展的一大宝贵财富。特别是青少年时期所经历的一切，如家庭环境变化、学习和工作、奋斗的经历，往往对自己今后的成长影响很大。

"经历"是一种"过去式"。人们从复杂的、艰苦的、痛苦的、成功的、失败的和错误的等不同的经历中得到锤炼，变得更加成熟，遇事会思考、明辨是非，处事成熟有主见；敢于面对问题，学会坚强；有较强的自制力；有较高的情商，会做人和处事，会固守、经营和发展。

一个人的经历及其持有的态度，很大程度上影响着自己的世界观、人生观、价值观等，对他们的性格、修养、胸怀、心态、习惯、能力、健康、人脉等方面也有着重大的影响。

人一定要从自己的经历中提炼出有价值的东西来。

顺境的经历固然好，不过顺境有其"先天不足"的一面，它容易使人忽视学习和锻炼、滋生享受思想，忘乎所以，骄傲自满。须知，人不可能永远在顺境中，所以必须在顺境时珍惜、抓紧时间学习进取，学好生存本领，学会发展。同时，学会在顺境中善待别人。这才是聪明人的选择。

逆境确实很苦，就看人如何面对。若在艰苦面前害怕、退缩，那么，逆境的经历带来的结果就是"封死"自己。若在逆境面前能正确面对，不怕艰难困苦，敢于改变自己，则可走出困境。人一般都有经历逆境的时候，在逆境中要善待自己，将逆境当作一种磨炼。这是人生的一大财富。

人的经历有两面性，正面的是处事时，经历可以给人带来经验、自信、胆量，处事的效果好，成本低；负面的是处事时，过分肯定自己的正面，带来的是狂妄、骄傲、自负，思考问题片面、粗心、马虎。人要认识自己，充分发挥经历的正面作用。

虽然经历很重要，但是，人最会变，不可单从经历去完全认识和判断一个人。没有相应的经历，也不能说明自己不行，最重要的是虚心学习和付诸实际行动。后来者居上的例子也不少。

（二）经验

《现代汉语辞海》里这样阐述"经验"："经验就是从实践中获得的知识、技能、做法或特殊的体会。"人类的历史源远流长，人们为了生存与发展，通过长期不懈地学习和反复实践，甚至在付出了很多宝贵生命的代价后，才得到了一些宝贵的经验。人不但要重视和学习前人给我们留下的宝贵经验，而且还要不断地学习、实践和探索经验。

每个人的经验，都须经过长时间的学习和反复实践，不断感悟、不断自我否定、不断修正，甚至付出较大的代价而得到，实属不易。每个人获得经验的成本和发挥的作用不同：谦虚、好学、善于自省的人不但获得经验的成本较低，而且常常能发挥经验在生活中的指导作用，效果较好；骄傲、不善学习、不善自省的人常常在付出较大的成本或代价后才获得经验，虽然如此，还是经常重复出错，效果很差。

1. 经验对人生存的重要性

◎ 经验能使人自信、有胆量。

◎ 经验能帮助人们通过事物的现象看到其特点与本质，对事情做出合理的、准确的判断，快速找到解决问题的路径与方法，减少错误。

◎ 经验能使人娴熟，缩短做事的时间，降低做事的成本，减少代价，提高效率。如医生给病人看病，经验更是极为重要。

◎ 经验也是人形成习惯和处事方式的重要因素之一。

2. 要善于学习经验

要学会与他人经验共享，优势互补，不要自己藏着。自己取得的经验很有限，如果以为自己积累的经验不得了，将其深藏，不愿与他人分享，这是自私、心胸狭窄的表现。这种人怎能从他人身上学到经验呢？别人的经验是无限的，要与别人相互交流，自己才能获得更多的经验，才能不断进步与发展。能否善于交流并汲取别人的经验，是区别一个人是否聪明的一种方法。对于长辈反复强调的经验，至少是长辈以往吃过的亏，或是他们失败的重大教训，应重视之。切不可因为长辈的唠叨而厌烦。长辈的唠叨，是一种爱。

不可高估自己的经验，看不起别人的经验。现实中，人们往往认为自己得到的经验最为宝贵，最为重要，这是因为自己的体会太深刻了。

自己获得的经验，来之不易，应以谦虚的态度，加以学习研究，才能发展和进步。切不可狂妄自大、夸夸其谈、自以为是、贬低别人，否则，会影响自己的人际关系。还有一点必须提醒的是，也许你的经验在别人的眼里只是一种本能，一种常识而已。不可骄傲自满。

对于他人的经验，有的人不太重视，也许是没有亲身体会或不善学习的缘故；看不起他人的经验，是骄傲自满的表现。

有的人说，这件事我没经验，怎么办？一般有两种办法：一是虚心学习，大胆实践；二是在适当的时候，寻求他人帮助。如果已经是一大把年纪，对某领域一无所知，即使学起来也深感力不从心，不符合自己的实际，最好是放弃（或者做一个参与者，不要争做主导者）。

学习经验要重视继承、实践和发展。人们不懂的东西确实太多了，除了自己不断地学习，还要学会借助他人的经验才行。什么都靠自己去体会总结，来不及，也不现实。

能听到别人传授的经验是幸运的，不过，这种经验，人对其感知度较浅，也许你听到的只是其中的一部分。况且，别人总不能主动详细地解释给你听。

能看到的经验，相比之下会好一些。因为这时你会经历一个实实在在的过程。不过，这种机会不多，其过程也许也只是其中的一部分而已。

听到的、看到的经验，往往只是表面或者不完整的，也有可能是他人还不成熟的"经验"，因而不能生搬硬套，应重视运用的前提条件、方式和注意事项，并且通过实践，再虚心学习探究，做到真正领悟。

如果我们能养成处处留心学习、"走走、看看、听听、想想、问问、聊聊"的良好习惯，能虚心好学、经常与别人分享交流经验，我们就能不断学到别人的经验。有一句话讲得好，聪明的人能将他人的教训变成自己的经验，愚蠢的人却将他人的经验变成自己的教训。

（三）经验的特殊性与两面性

1. 特殊性

任何经验都有运用的前提、条件、时机和分寸，运用经验须注意根据自己的实际与具体的情况，不可乱套。若遇特殊情况，应随机应变。

对于不同的个体（或事情），使用同一经验的方式和分寸有所不同。

2. 两面性

经验给人提供方法，使人踏实自信，增加胆量；经验也会使人粗心、麻痹大意和武断片面地套用。人必须在获得经验时多考虑可能会发生的变化，熟悉而不大意，自信而不粗心。

(四)要善于运用经验,用对经验

"经验"与"不出错"之间不能画等号。如何运用经验,是一个值得人们重视和研究的大课题。

经验只能代表过去,不能夸大其范围和作用,或以此来决定未来的判断。在运用经验时,要考虑到前提条件与实际个体的不同和变化,不能生搬硬套。一般处事时,七成靠经验,三成看变化。如果更特殊的,还要调整这个比值。事物总在不断地变化,事物变化除了本身复杂的因素外,外部因素的变化也非常复杂,单方面强调内因或外因都不切合实际。当事物出现不同于以往的征兆时,套用原有不变的经验就会误事。因此,经验固然宝贵,但不能作为完全不变的法则。主观主义,死守经验,乱套用经验会出错失败;灵活运用经验,研究和发展经验才是上策。

人在运用经验时,应注意三个要素:一是对象的特殊性,不同个体有不同的差别;二是时机;三是运用时的方式和分寸等。例如,医生给病人看病,即使是同一种病,也不一定用相同的药和相同的剂量,用药的时间点也不一定相同。因此,我们在运用经验时,一定要养成注意观察和发现事物特殊性的良好习惯。非常理,即特殊。特殊情况必须重视而后特殊处理,这才是万全之策。人们的失误,很多都是单凭经验造成的。

实际上,人若单凭经验做事,就没有探索,就没有发明创造!若一个人长期单凭经验工作,意味着退步与衰老。经验,是成熟的象征,同时也是教条的开始。我们应该遵循这样一个原则:行动与研究——经验与体会——探究新的不同点——行动与研究。不断重复该循环才能立于不败之地。当经验受到特殊问题的挑战时,意味着新的发现在远方向你"招手"。让我们为获得经验而高兴,为不断探索而努力,为开拓创新而自豪。

二、人容易出现的六种盲区

通常意义上的盲区指的是人的视线看不到的区域。这里的"看"不仅指眼睛看事物，还可以扩展为"心"的感受方面。由于人的特性（受精力、心理、心态、理念、情绪等影响），人时常会出现一种甚至多种盲区，只是程度、大小不同而已。我们自己有时会有这样的自责：这件事的道理那么简单，也很容易做，当时我怎么没想到；或者曾经有想到过，却不知怎么的被自己忽略了。

盲区容易使人出问题。从广义上来说，人处事往往会产生六种盲区。

（一）视野盲区

不少交通事故的原因是驾驶员出现视野盲区所引起的。

（二）注意力盲区

不专心，做一件事时，心里想着另一件事，这很容易出现盲区。如人在开车时，心里却想着正要赶去做的某一件事，这样会存在很大的安全隐患，当出现险情时往往会因注意力不集中而导致反应太慢、躲避不及而出事故。

（三）思维盲区

思维盲区常见的表现是当机会、现象、问题（征兆）等发生变化时，由于自己平时的习惯思维或偏见而忽视思考问题的多样性和变化性，因而看不到事情的真相，感觉跟着现象走。

（四）感情盲区

感情盲区指处事时自己对别人乱用感情，或者被别人施用感情手段"绑架"了自己的思维。

有的人在感情面前是糊涂虫，经常用错感情，被感情所误，被"不好意思"害了一辈子。例如，只要是自己的亲人，同学，战友，老乡等，都将他们看成是自己最信任的人；或者当别人向你示好时，就对他们投以最炽热的感情，当他（她）们提出一些要求，寻求帮助、或希望达成合作时，在并未真正了解对方之前，就不加思考事情的真假与好坏，胡乱相信，满足对方的要求。当自己觉得对方说的话、做的事不太符合情理时，或者对方提出的要求有违常理，超越做人、处事的原则与底线时，由于不好意思，怕伤感情而勉强答应。这就会犯大错，吃大亏。

对任何人，都不能乱用感情。还有一种人，将自己的秘密告诉别人，想以此证明自己对别人的真心，或者想以此换取别人对自己的信任，这是最愚蠢和无知的做法，暴露出自己的糊涂和懦弱。

（五）自控力盲区

自控力盲区主要来自三个方面：一是自己的贪欲或外界客观因素的诱惑使自己难于把控之时；二是大喜大悲之时；三是明知要坚守，却毅力不够之时。

例如，明明对某一事物不了解，却还是糊里糊涂地进入参与；明明知道是不好的、与自己无关的事，却受自己好奇心的驱使去打听，结果没事找事，犯了错误；明明知道天上不会掉下馅饼，有大回报就有大风险等，却经不住极大的利益诱惑和自身的贪欲，掉入陷阱；平时懂得人在成功、大得时，要谦虚、低调，在遇到挫折、失败时，要坚强和勇敢，而当自己真正碰到时，却狂妄至极、骄傲自满，或自暴自弃、精神萎靡不振；明明知道不该说的不能说，却经不住心怀不轨之人的感情公关，控制不住自己，随意说出，事后后悔莫及！

（六）拥有的盲区

有的人看不到自己的拥有，看到的都是自己的欠缺，由此而产生一系列负面因素，如自卑、抱怨、担心、胆小、焦虑、嫉妒、不珍惜或贪得无厌。

还有的人只看到自己拥有的却看不到自己欠缺的而狂妄自大，好与别人争强较劲等。

人有时候会出现多种盲区重叠。盲区的产生很大程度是由人性弱点所引起的，人在出现盲区之前都被某些表象锁定，思维跟着已被锁定的感觉走。

1. 最容易出现盲区的情形

人在以下六种情形最容易出现盲区。

◎ 体力不支、精力不足或情绪激动之时。

◎ 过于在乎某人、某事或某物时，注意力、思维很容易被在乎的对象套住，忽视了与之有关的重要因素。

◎ 滋生投机取巧、贪欲之时。

◎ 急、恐、喜、怒、悲、哀、困惑或无助之时。

◎ 崇拜、偏见、骄傲、虚荣或依赖之时。

◎ 糊涂、怕不好意思之时。

如果发现自己出现以上情形当中的某一种（或出现多种盲区）时，最好采取守势，如暂停、不表态、不盲从，不做决定，休息一段时间，等自己冷静下来，恢复常态，理智对待，可大大降低说错话、做错选择和做错决定的可能性。

2. 减少或避免出现盲区的方法

为了尽量减少或避免出现盲区，当人遇事时，应做好以下四点。

◎ 提起精神，提高自己的注意力。

◎ 要有自控力：不多情、不心软、不虚荣、不贪心，不一厢情愿想当然，该说"不"的时候要敢于说之。

◎ 不能只听别人说什么、全信别人说什么，须用自己的头脑思考，自己的理念、思维和决断不能被别人"绑架"。

◎ 凡事都有时间性。应重视和学会抓住事情（包括念头和想法）出现的时间节点，进而独立思考，明辨是非真假，做出对应的行动等，这些都要在这个时间节点内完成，若错过就无效了。这里要强调的是，坚定的执行力很重要，因为"知道"和"做到"是两回事。人们常说的"马后炮"就是事后才知道该如何做，事后才明白自己原来错在哪里，最好的时间段已过，想挽回已无济于事。

三、辨析

（一）人的眼睛和耳朵不具备思维功能

人的眼睛只用于看，耳朵只用于听，眼睛和耳朵不具备思维功能，因而从它们获取的外在信息不能完全辨别出事物的是非真假，即使明摆在眼前的事实，其背后往往隐藏着你不知道甚至难以想象的真实原因。因此，不可以眼睛或耳朵获取到的信息作为真实的依据。眼睛和耳朵采集到的一切信息都要经过自己头脑的思考和辨析才行。这里应注意的是，人不能用"心"去干扰自己的眼睛和耳朵。例如，自己所听到的和看到的一切信息，都不能附上任何个人的情感和偏见，才能确保这些信息的原始性和客观性。

（二）小心自己被第一感觉锁住

人往往被第一感觉锁住。人必须冷静辨析第一感觉的真实性和可靠性。冷静、理智地用心看、用心听、用心想。

人听到或看到的事情通常是一个不完整的小片段，有时依附着许多自己或别人附加上去的东西（如偏见、错觉等）。即使这个片段真实，也不能说明整体的真实性。还有，人看不到、听不到的，也不一定不存在。

外界传递给人的信息，一方面，它在很大程度上影响着人的心态和情绪，干扰人的思维，左右着人的判断和行动方式；另一方面，辨析者自身的观念、心态、情绪、思维方式等处于不同的状态，对事物的看法和判断也往往不同。

人也会遇到别人对你忽悠或洗脑的时候。因此，我们必须从3个层面去思考和辨别事物的是非和真伪：一是事情与什么样的人有关，看事不能脱离看人；二是事情是否符合情理，若有反常必有妖；三是事情给了什么暗示，谨防被忽悠。

还有，无论你对事情看得多透彻，都还要有很强的定力，才能坚守正确而避免犯错。有的人就是明知陌生人在忽悠自己，本来应不与其搭讪，迅速离开，可是在极大的诱惑下，在对方的"那你可以先试一试，不行再还给我，反正也没什么坏处"的请求下，失去原来立下的警示，或者被对方转移注意力，或者中了对方设下的其他圈套，事后才追悔莫及。可见，若没有"坚定"保驾，即使"看透"也没用。

（三）别人说的不一定真实

别人看到的和表达出来的不一定相符，有时看到的只是假象；有时虽然真实，表达时却走了样；有时会将自己的一些看法和推断当成事实。即使是自己亲身经历过的事，在表达起过程时，也往往因人的主观性或情绪方面的因素而添枝加叶，这很正常。因此，不可仅凭别人叙述事情时的表情、眼神、措辞、音量等的感觉来判断对方说话内容的真伪。

无论是自己，还是亲人、名人、领导或自己崇拜的人亲眼所见、亲耳所听到的信息，都不要百分之百信以为真（也许他们是在无意中传递了假信息）。不要立即表态，不要激动发脾气，不要害怕，不要全部顺着这些话往下想，先冷静思考再说。

如果在一段话里，开始讲的是真话，让你顺着思路往下想，而后中间插入一句假话，这样就难以辨析了。不过在插入假话时，话的前后衔接处（过渡）一般不会顺当，会有拐角，前后的观点（或需要、要求等）会有不一致。有时转换话题，或更换条件，或用特例去说明一般情况等。特别是，当你觉得对方的话很中听之时，对方突然内容一转，向你提及有导向性的观点、试探性的语言，或提出某种要求时，往往有目的，须警觉。

（四）识别伪装

人很会伪装，加上人为的自圆其说，用很多理由证明自己看法的正确性。因此，识破别人是否在伪装很难。以下是五点看法，供参考。

◎ 要学会抓住事物的源头。即使过程处处合情合理，滴水不漏，然而源头之处未必不会漏。

◎ 须从其内容的理念、立足点、积极性和发展性等来审视问题，才能保持清醒的头脑，不被迷惑。

◎ 不能在一段话里只听有多少真理，更重要和更难的是学会找出隐藏在其中的一两句谬误或谎言。

◎ 应了解对方的动机与利益需求。

◎ 如果某一个情节似乎和一系列的推论相矛盾，那么这个情节必定有其他某种解释方法。

（五）"五个"不能

◎ 特例不能反映一般情况。

◎ 个体不能说明整体。

◎ 平均水平不能代表整体水平。

◎ "名称"不能反映"真实"。不可将事物名称中的含义当成事物内在真实的本质。任何动人的广告或招牌，都应警惕里面是否存在夸大、误导，甚至是欺骗的成分，以防自己掉入别人设下的坑。

◎ 大多数人都看好的，或者都在做的事不代表事情的正确性，不可盲目跟随。如有人说"这件事，别人都认为是……"这样的表达较为绝对，问题在"都"字，若将"都"换成"普遍"或"一般"会更客观一些。当然，你也不可将"这件事，别人普遍认为是……"当成基本正确的意见而采纳。须独立思考，有自己的主见才行。

（六）注意命题中的前提条件是否唯一

例如，有的人指出"性格决定命运"是一个错误的命题。其理由是：人品、做人、认知、思维、心态、行为等因素，都可以决定命运。

其实，"性格决定命运"的说法没有错。

注意命题中条件和结论之间的关系。"性格决定命运"的条件是"性格"，结论是"决定命运"。"性格"是"决定命运"的充分条件而非必要条件，充分条件可以有多个并列，不一定唯一。人品、胆量、理念、情绪、细节、习惯、选择和决定等，都可以决定人的命运。

在一定条件下，当人遇到重大事情或者在面对人生的重大选择时，人的某些因素相对于其他因素而言，更为突出和重要，并且起主导作用，在很大程度上影响人生运行轨迹，人们常说这个因素决定了人的命运。

认为"性格决定命运"的提法错误的人，其原因是将命题中提到的"性格"错误理解成是决定命运的唯一条件。

我们在辨别命题的真伪时，一定要明白命题中的前提对结论而言是否唯一，还是有其他条件也能使结论成立。

（七）不可乱用"一孔之见"

人们见到和听到的，很多都是"一孔之见"，往往是表面的、局部的、变化中的事情，或是假象，或是人为添上去的等。不能以个体现象代表整体趋势、以特殊表现说明一般规律；不可自以为是想当然，以自己的思想代替别人的思想。应当头脑清醒、理智，兼多听、多看。多从不同对象、不同层面、不同角度去思考问题；用变化的思想去看事情，或换位思考问题。这样，问题就会变得清晰，也减少犯错。

现实中，我们又不得不承认，人经常自相矛盾，很多人都不自主地用"一孔之见"。在认识从未接触的一个人时，往往会从对方的言语、动作和形象等中，对其产生一定的印象，初步对他人产生相应的看法和定位。理由是，人的一举一动都是内心世界的反映，而细节是人的本质、修为的综合体现，具体反映了人的性格、观念、心胸、心态、情商、智商等。

然而，仅从"一孔"，只在一个极短的时间里去看一个高级的、复杂的、不断变化的生命体——人，并做出不变的、定性的结论，显然不够客观。

从"孔"观察事物靠的是人的心，我们应该多几个心眼才行。

一般而言，仅凭某些细节不可草率对别人作出全面的判断。理由有四点：一是不知道自己获得的信息是真实还是虚假，是别人内心的自然流露还是骗局；二是也许对方有苦衷而有意编造；三是你的理解角度和思维方式也许有错，或许是你误解了别人；四是你是否在开始了解对方之前就对此人产生偏见。

人要学会通过对人和事的观察和了解来进行分析和判断。

观，适当地"站远"一些，这样对总体有一个较为完整的概念。其不足之处是无法深知其中细节。

察，适当"站近"一点，才能感知其中点点滴滴的细节。其不足之处是看到的只是局部，而非整体。

观察，就是综合观与察两者的优势，避开单一视角所带来的弊端。观与察的最佳结合，就好比照相时选好角度，以及调节好相机的"焦距"，太远和太近都会造成照片模糊不清。

人与相机又有所不同。人有思想、有感情，切不可带着情绪、带着感情色彩、带着预先的假设去观察，这样的观察会走样。

有些事情，"一孔"也就足够。例如骗别人一次，则别人就会给对方下一个不诚实、不可靠、虚伪、会骗人的定论（还会向其他人传递这种定论）。欺骗这东西，一次就够。又如，若了解到某人太贪婪，或太自私，或阳奉阴违等其中的一项也已足够说明此人不可交，应远离。

（八）慎对网上或微信里的信息

现在网上或微信里有的文章内容偏激，其思想和导向很成问题，或者以一种倾向掩盖另一种倾向；有的文章标题很偏激，有误导他人思想的倾向，最好不读，也不要随意转发。

线上线下的讲座、演讲、报告也很多，五花八门，但常常良莠不齐。内容不外乎养生、饮食、健身、教育、消费等专题，令人眼花缭乱，应注意识别：一是理念是否正确，是否存在误导、洗脑的语句；二是有没有商业目的，是否有虚假广告。

四、对二十个问题的具体分析和处理意见

知不易，行更难。实际发生的事情千变万化，人对事情所做出的第一时间里的反应、心态、情绪、取向和思维方式等错综复杂，因此，在第一时间就做出正确的判断和采取正确的应对方式，极为重要。

英国思想家、哲学家培根说过："知识本身并没有告诉人们怎样运用它，运用的方法乃在书本之外。"

伟人毛泽东曾经教导我们："读书是学习，使用也是学习，而且是更重要的学习。"

人们处事时，须辨析真伪、用对对象、用对时机、用对方式、把握分寸、胆大心细。这里就以下二十个方面，谈谈自己的一些看法，供参考。

（一）顺从还是独立

据媒体报道，2014年4月16日，韩国一艘载有476人的"岁月（SEWOL）

号"客轮在全罗南道珍岛郡屏风岛以北20km海域发生浸水事故。事发后，大部分乘客穿上救生衣等待救援。

船上共有476人，其中还包括325名中学生，但令其家人们绝望的是，该事故最后的生还者只有172人。累计造成304人遇难（包括失踪者）、142人受伤。至2014年11月，仍有9人下落不明。这是一个特大沉船事故。

据获救乘客讲述，事发时，船体受到严重撞击发出巨响并摇晃，在几秒内发生倾斜。之后，船上集装箱等物体倒向一边，使船体倾斜更严重。船上广播开始告知人们危险，不要到处走动。船体快速下沉，突然向一侧翻倒，当时大部分乘客仍在舱内，无法及时逃出。

4月23日，随着潜水员逐步向客舱内部深入搜寻，更多遇难者遗体也被发现。韩国媒体报道称，在客舱里发现的遇难者遗体多数都出现手指骨折，证明这些遇难者在生命的最后时刻，曾拼死想逃离客轮。

这里面有两个突出的问题。

问题一，从客船发出的求救信号和救援时间等来看，乘客可以逃生的时间很长。当船体严重倾斜时，已有不止一艘船赶来营救，如果这些乘客穿上救生衣后跳下水就可获救，为何他们安静地待在舱内，导致船下沉后跑不出来，错过了最佳的逃生时机？

问题二，遇难者有很多学生。在平时的家庭和学校教育中，家长和老师都教育学生要听大人和老师的话，把听话的孩子看成好孩子。而这次却是听话的孩子静静地待在船舱里面，等到不行了却跑不出来；反而是不听话的学生，先跑出去得以生还。

对于突发的紧急安全事故，要不要听从权威的指引，这不能以"要"还是"不要"来回答，也许还有其他的选择。人无完人。无论是很强势、权威的人，还是很优秀、细致的人，都会有不懂、考虑不周或不了解而草率决定的时候；也会有累、烦或者是片面、偏激、情绪失控的时候。这些都会导致出错。另外，客观因素的变化往往不在人们熟悉和掌握的范围之内，特别是突发事件或是从来没有遇到过的危险事件。它们令人慌张害怕，甚至失去理智，能给人支配的时间又是那么短暂，这种突发事件谁都心中无底，众人也会意见不一。有时候，正确的选择也不一定掌握在多数人手里，也许掌握在少数人手里。在混乱、谁都不懂、无主见的情况下，往往某位较有身份的人说出某种想法，其他人就盲目跟随。是顺从还是独立，要不要跟随众人走？这要看你如何思考。如果你没有主见，那也许就得跟着众人走。如果你确实认为自己的分析正确，众人的意见是错的，那就一定坚持走自己的路，尽管只有你一个人。如果等着别人来救援，那么就要思考自己应该先做些什么事情，才能给救援人员创造有利施救的条件。

顺从还是独立，没有好坏之分，只有用对与用错之别。领导、名人、专家的意见不一定绝对正确。有时必须服从，有时不能服从。难就难在何时要服从，何时不服从。总的原则：一是必须注重常识性的判断和特殊情况的变化，独立思考，注意自己本能的感觉；二是不能把自己的安危全部寄托在他人身上，自己先考虑如何自救才是最重要的。

（二）如何界定必须坚持自己的看法，还是需听取别人的建议

人都坚信自己对事物的看法和做出的决定是正确的，并且可以用很多的理由来说明，不过，别人也可以用很多的理由来说明你的看法和决定不正确。这是因为，不同的人有不同的理念、不同的需要、不同的权重考量、不同的取向，对事物的看法也就不同，其正确性或错误性都是相对不同前提而言的。因此，人在对事物的思考辨析时，应符合事物的客观实际，符合事物的自然发展变化规律，符合自己的实际，实事求是；人在对事物作出决定之前，要会权衡、知轻重、懂利弊、明得失，不自作聪明，不独断专行。这样，人才能对事物作出正确地分析和决定。

一件事情，坚持自己的看法和决定，是"有主见"还是走入"固执己见""一意孤行"的误区？若采纳别人的意见，是"没有自己的主见"还是"听取别人的好建议"？其实，每一个决定都有两面性，正确与否都难于界定。真理究竟是在大多数人手里，还是在少数人手里，还是在自己手里？谁都说不清。首先，自己要有正确的理念、取向和原则，而后多听取别人的意见，综合对比、分析，制定

出符合自己实际、符合事物发展规律和可持续发展的行动方案。如果你认为自己确实是这样做的，认为自己可行，那你就要坚持到底。最后的定夺权要牢牢抓在自己手里。巴菲特的导师格雷厄姆有一段名言，值得我们学习："你是正确的，是因为你的事实根据是正确的，你的推理是正确的，这是唯一使你正确的原因。如果你的事实根据和推理是正确的，就不用再考虑别人是什么看法。"如果你自己不懂，心里没底，此时又非做不可，你认为别人的说法是对的而且适合你的，就要考虑采纳别人的意见。但注意不可全部生搬硬套，应根据实际情况的变化而灵活运用之。"坚持自己的"还是"听别人的"，这两点都不能走极端。必须提醒的是，"听一听别人的意见"和"完全按别人的意见去做"是两码事。前者可以矫正自己看问题角度或深度的不足，是纠正自己片面、教条、偏见的一种方法，这叫做兼听则明。还应注意，"听一听别人的意见"要有广泛性、代表性，否则会偏信则暗。完全按别人的意见去做则是自己心无主见，糊涂、呆板，在别人自圆其说的情况下，生搬硬套，别人说什么就信什么。前后两者的实质截然不同。

一般来说，如果你说话、做事与别人有关，就要考虑别人的感受。如果你说话、做事关系到自己的人格，关系到自己在别人心中的形象，那就得考虑别人的感受。如果你从事的是教育、广告、媒体、证券、演艺、歌手等职业，那么在工作中，就要多在意别人的感受，因为你的工作成果和价值来自别人对你的认同与评价。如果你做的事自认为是对的，与别人无关，又不会妨碍到别人，那就不要怕别人如何看、如何说。人生在世，不能完全不考虑别人的感受和评价，因为人们不可能只生活在自己的世界里；当然，人也不能太在乎别人的感受和评论，忘了自己。关键看人站在什么角度上看事情，以及如何把握好做事的"分寸"。

（三）实事求是体现在哪里

实事求是贯穿于做事的始终。实事求是并非只顾眼前不顾今后，而是立足当前实际、注重发展。这里提出五点意见，供参考。

◎正确界定事情是否适合自己。切记，"最好的"不一定适合自己。

◎超过自己承受力的，不强求。

◎抓住当前最急需解决的矛盾，或者就地取材，而不是舍近求远。

◎处事时应注重实际行动，而不是纸上谈兵。

◎把握处事过程中的方式和尺度，并且留有余地。

（四）主观因素与客观因素哪个更重要

主观因素就是自身的因素。

客观因素就是除主观因素以外的一切因素。

不能笼统地说主观因素与客观因素哪个更重要。客观因素是条件，客观因素形成的力量几乎是人力所不及的！人本身是脆弱的，人不可能去改变客观条件。人只能去适应、利用或转化客观条件。

人的主观因素关键在于学会思考、有良好的心态、稳定的情绪、自制自律等。

无论什么人，都有自己的长处和不足，都有考虑不周、犯糊涂的时候。特别是人的心态和情绪变化最大，不良情绪的干扰和破坏带来的后果最为严重！人的私心、欲望，在巨大的需要或诱惑面前，可能会扭曲、变异，最后找出种种自圆其说的道理来解释自己的决定和做法的正确性。因此，良好的心态、稳定的情绪等是用对主观因素的重中之重。

当人和仪器的判断相互矛盾时，有的人认定人的判断正确，而有的人则认定仪器的判断正确。坚持人的判断重于相信仪器判断的人认为，人是活的，人会随机应变；而仪器是死的，会受到天气的影响或其他电子干扰，会出现偏差和不明故障，任何新的仪器都不能保证其性能和准确性万无一失。坚持仪器的判断重于人的判断的人认为，仪器相对稳定，比较客观，不带情绪；人的精神和肉体会疲劳，而且人有情绪，人会粗心大意、违规操作，会不自主地出错，再可靠、再有能力的人也都会有出错的时候。

其实，以上两种看法都太绝对和偏激。当人和仪器的判断相互矛盾时，不可独断专行，应该先着重找出矛盾的原因，而不是立即决定采纳哪一方的意见。可多几个人"会诊"，集思广益，或找其他几台机器核对比较，才能找出真正原因。

（五）"顺其自然"还是"事在人为"

"顺其自然"不是任其自由、随意发展。例如，有的父母对未成年子女的生活管理和教育等方面采取不闻、不问或不管，推卸或逃避，让其自生自灭，美其名曰："让他（她）锻炼独立管理自己的能力""孩子的成长要顺其自然"。其实，这是狡辩，是为自己不负责任表现的辩解和开脱之词。

"顺其自然"不是盲目听从、跟随和无条件接受，而是抓住自然变化规律，顺应事物变化趋势，因势利导、顺势而生。

"顺其自然"指在事物朝着正确的方向发展的前提下进行。当事情出现不良征兆时，人们不能无视之，不能让已发现的不良征兆顺着这个"必然"继续向错误的方向发展，而应采取积极的态度，多方面地进行综合治理和纠正才行。

"事在人为"一词，《现代汉语辞海》解释为"事情的成功全在于人的主观努力"。然而，"事在人为"有很多前提，应在时机适合（天时）、环境适合（地利）、自己的条件适合的前提下进行。在具体运用"事在人为"时，应知己知彼，实事求是，量力而行，考虑周到，谦虚谨慎，胆大心细；不违背实际，不固执己见，不独断专行，不强行硬闯。当自己条件不具备，客观条件不允许时，该退就得退，该等就得等，该让就得让。

"事在人为"的另一个关键是执行力。必须发挥人的主导作用，大胆行动，抛弃等待、依赖、怕苦怕累的思想，才能取得好的效果。

总而言之，处事时，应遵循事物的发展规律，把握客观因素的变化，努力去做自己应该做的、能够做的，其余听天命；自己无能为力的，也只能"顺其自然"。

（六）为何不能以成语或俗语做决定

人平常说的俗语或成语都是有一定的前提或仅指某一方面的，是不全面的，因而不能以俗语或成语的表述来决定事情，以避免因产生片面或偏激思想而出错。例如，"人不可貌相"与"人靠衣裳马靠鞍"，"浪子回头金不换"与"好马不吃回头草"，"金钱不是万能"与"有钱能使鬼推磨"，"出淤泥而不染"与"近朱者赤近墨者黑"，"一鼓作气"与"适可而止"，"知难而退"与"逆流而上"，"男子汉大丈夫宁死不屈"与"男子汉大丈夫能屈能伸"，"先下手为强"与"后发制人"，"知无不言、言无不尽"与"交浅勿言深、沉默是金"，"宁为玉碎不为瓦全"与"留得青山在不愁没柴烧"，"退一步海阔天空"与"狭路相逢勇者胜"等这些说法都略有矛盾。这主要得看谈论的对象、时机，并根据具体或特殊的情况以及自身实际而决定采纳哪一种观点。事物都是在不断变化的，应具体问题具体分析，综合权衡，这才是稳妥、正确的处事方式。

例如，一件事情，非自己力所能及，或者自己处于极为不利的情景时，须"知难而退"，以保全自己；如果是正确的，而难度很大，又非做不可，那就得"逆流而上"，大胆而为之。

证明某件事情的正确与否不能依据某一句"俗语"或"成语"。否则，就是强词夺理，或者是糊涂无知。乱套用俗语或成语做决定会使人犯错误。

（七）何时"必须坚持"，何时"必须放弃"

每一个人都能对自己决定"坚持"，或者决定"放弃"的正确性做出圆满的解释。"坚持"和"放弃"本身没有对错之分，对错的关键在于四个方面：一是如何权衡利弊，将什么因素摆在第一位；二是是否符合自己的实际，自身承受力如何；三是是否以超越安全、健康、法纪、人格等底线作为代价；四是是否符合自然发展规律，有没有可持续发展性。

有一则真实故事，在1996年春的一次攀登珠穆朗玛峰的过程中，13名登山者中有12人死在接近顶峰的路上，只有1名登山者克洛普生还。因为在距顶峰约300米处，大家所带氧气所剩无几，坚持下去如果成功的话，带来的荣耀是不言而喻的，不过对生命来说，那是极度危险的。权衡得失，克洛普选择了放弃。因为他清醒懂得，拿生命换荣耀最愚蠢，因为生命无价！人只有活着，才能登上更高的山峰。结果坚持继续前进的其他12人全部遇难，只有克洛普生还。

现在青少年所受到的教育当中，"坚持"与"放弃"两个词，前者比后者被听到的、看到的要多得多。如果以好坏、褒贬来界定的话，印象中，好像"坚持"比"放弃"要好得多。其实这是一种错误。"坚持"与"放弃"的重要性是并列的，如果用错，都很糟。具体如何用，那就要看对事物以什么作为标准来权衡，界定现在所走的路的方向是否正确。选择"坚持"还是"放弃"，不但需要智慧，而且需要勇气。如果时间上允许，在做出"坚持"还是"放弃"之前最好再等一等，有时，客观情况会起意想不到的变化。

1. 用对"坚持"

做事，如果是经过反复论证并有事实证明是正确的，既符合自己客观实际又符合情（常）理和事物的发展规律的，就不能半途而废，坚持下去。"坚持"最难的是要有坚强的毅力，不怕艰难，不怕挫折，才能坚持到最后一刻，取得成功。

但也要用对"坚持"。比如，锻炼时损伤身体或产生副作用，不能认为只要"坚持"，习惯了就好。结果越坚持越糟糕。一定要学习科学的锻炼知识，反思自己的一些理念是否正确，锻炼的量是否过度、锻炼的方式是否错误等。以便调整和改进。如果不符合自己的实际，理解错了，或锻炼方式错了，就不能再这样糊涂地"坚持"下去，应该改变甚至放弃，否则会越来越糟。做任何事都是如此。

2. 用对"放弃"

学会放弃需要勇气。当我们发现方向错了的时候，一定要放弃，不可由于已经花了多少的精力和代价而迟迟不敢做出决断。老是舍不得，最后不但得不到而且还会赔了很多。如果你找到错的原因，并且有了解决问题的正确办法，这样当然更好。

学会放弃也是一种自保。我们在《动物世界》里看到，一只猎豹捕捉到一头体积较大的猎物后，守住吃剩下的猎物是多么困难。几只鬣狗闻到气味赶过来抢夺，而猎豹却一步一步地后退，最后不得不放弃猎物，眼睁睁地看着猎物被抢走。开始有的人想不通，按理猎豹胜于鬣狗，为何做出如此的选择？其实，猎豹在狩猎时几乎耗尽了自己的体力，也许还受了些轻伤，如果现在再与众多体力旺盛的敌手争斗，必败无疑，甚至会再次受伤。况且，在自己无法狩猎期间没有谁能给自己提供食物。此时，猎豹选择及时放弃是为了保护自己，这是最聪明的选择。猎豹这种自我保护意识，值得人们借鉴。

人有高级思维，遇事时更要会权衡、懂进退，并且及时做出正确的取舍，才能更好地保护好自己。

（八）如何用好、用对自己的优势

电视里播放猎豹捕捉猎物时，它们都不会高估自己身体上的优势，忽视战术而无所顾忌，否则，不但会徒劳无功，而且容易筋疲力尽，甚至可能使自己性命不保。因此，一旦出击，都要力求奏效；否则，就保存体力，等待时机。当机会来临时，猎豹都会锁定对方群体中的弱者，观察地形，悄悄地选好隐蔽地点，选好出击的方向与路线，等待猎物的靠近，在最好的时机出击。

猎豹这种善于利用自然环境和条件，善于发挥自己的优势，善于选择较好的出击时机，善于权衡利弊和取舍的优点值得人们借鉴。人比猎豹的大脑更高级，更应该懂得在处事时如何使用自己的优势，不可忽视客观条件而狂妄自大，不可盲目强行，不可固执己见。

（九）人为何既要"不怕"，又要有所"怕"

"不怕"和"怕"都来自人的内心。人要有所"不怕"和有所"怕"。

"不怕"指的是人们在遇到一些麻烦、困难、挫折，甚至危险的第一时间里，要学会给自己壮胆——不怕！因为，事情来了，怕也没用，反而会使事情更糟糕。人一旦出现害怕心理，诸如面生怯相、心慌意乱、慌不择路，不但降低了抵御外界一切对自己不利因素的免疫力，也降低了避开危险或面对危险的处理能力，种种的负面因素由此产生，这叫做越怕越糟。

心生不怕，对内，能使自己头脑冷静，提高胆量和勇气，增强自信心，处事不惊，敢于应变；对外，人的不怕，说明自己的正能量足、正气感强，有实力，无畏，对外界的不良因素起着一定的震慑作用，使之不敢轻易干扰或入侵。

1. 五种"不怕"

实际生活中，人至少要有五种"不怕"。

◎ 生活、家庭、工作中遇到不如意的事。这种情况其他人也都有过，只是来得早与迟，无须怕。

◎ 奋斗过程中遇到极大挑战的事。这是人生进步与发展的必经之路，不要怕。

◎ 各种类型的竞赛，或是要充分展示自己之际。这在人生路上常有，不必害怕失败。即使是第一高手也会有失败的时候。在战略上藐视之，在战术上重视之，才能将自己的强项和优势发挥出来。

◎ 不怕别人的恐吓。别人使用恐吓的手段，说明对方没有大的取胜把握。此时，你的正气越足，你的对手底气就越不足。如果你越怕，对手更会用恐吓的手段来吓唬你，因为对害怕的人施用恐吓很有效。

◎ 遇到危险时不怕，越怕越糟。最好的办法是避开或者求助。充分用上你的智慧，将危险和损失降到最低。

注意：处事时不怕，并非狂妄、忘乎所以、自以为是；也非麻痹大意。有的人虽然自己在某些方面确实拥有极强的优势或过人之处，但是这并不能代表这些强项无所不能。人的强项后面总会隐藏着某些弱项，总有它的限制条件和极限。夸大自己的强项和能力是导致失败的一个重大原因之一。

遇事时不怕，处事时冷静理智，细心周到，不违规操作，不违反规律，不强行闯关，不留下隐患，才能事半功倍。如果乱用"不怕"，狂妄自大，粗心大意，这样也会出事故！

2."五怕"以自省

对于"怕"，人应当将其看成是对自己的一种自控与自律，切不可将"怕"变成一种煎熬和"自耗"。

在这里，提出"五怕"以自省。

◎ 当自己获得满足、处于某种成功的巅峰时，要怕自己头脑发热、忘乎所以、听不进别人的良言、为所欲为。否则，这将成为失败的起点，升得越高，摔得越重。

◎ 要怕"三观"错位。若无法正确面对社会现实，精神扭曲，心胸狭窄，以嫉妒、偏激和仇视的心态看现实中存在的种种不合理现象，最后伤害的是自己。

◎ 要怕人缘不好，孤独。人不能自私、小气、虚伪。要诚实、尊重他人；

要有爱心、乐于助人；要有责任感、乐于奉献。

◎ 要怕与坏人为伍、走上邪路，染上嫖、赌、毒的恶习等。珍惜自己，保持自制力。

◎ 要怕大自然灾害的摧毁力量。生命只有一次。一个人的生命，牵连着一家人的幸福。因此，人须学会防范危险、消除隐患、学会自保的本领。

有时，自己有理也要怕。例如，人行车或走路时，前方突然有一辆摩托车或汽车违反交通规则，对方没理，你虽然遵守规则有理，但是，你碰到的是一个非正常、非理智的特殊对象，而且生命是无价之宝，不可再来，亦买不回来。所以，此时要怕，只有先避开，保证自己的安全才是上策。

总之，人要有所怕，特别是当自己处于高峰时，此时的"怕"可以给人带来理智；人要有所"不怕"，特别是当自己处于低谷时，此时的"不怕"可以给人带来信心和勇气。"怕"与"不怕"都是自保的需要。

（十）关于"胆大心细"

1. 胆大与心细

做事时要胆大，不可过于胆小。如果一开始就想着失败时的情景，焦虑紧张、畏手畏脚，这样很容易引起手脚发抖而降低正常"运行速度"、失去"准头"和"力度"，会将好好的事情搞砸。其实，只要看准了，就大胆去做。先尽人事，后听天命。

必须明白，胆大不是狂妄自大，不可因粗心大意而忽略细节，而是使自己放下顾虑和担忧，将自己的能力和本领发挥得淋漓尽致。

胆大还须心细。心细是一种品质。心细不是胆小、害怕、不自信，也不是徘徊不前。心细是指在做事前，考虑周全，遵循规则，顺应自然发展的规律；在做事时，注意力集中，小心谨慎，注重细节，善于发现可疑之处，排除存在的隐患，做到稳和准。

胆子的大小不靠别人来评判。想在别人面前展示自己胆量大的人是虚荣、无知、愚蠢和鲁莽的。这种人干不了大事，也做不了小事，很容易被别人用"激将法"左右。

常有媒体报道,有些人乱用大胆,如徒步穿越沙漠、攀登高山,却没有做好相应的准备,结果在安全方面出了很大的问题。这种人凭借着一时冲动,既不了解自己的身体条件是否适应,也没有学习相关方面的知识;既不清楚前往地方的天气、地理特点和具体的行程路线,又没有向当地群众学习请教;既没有准备完整和充足的生活必需品(食物、水、衣物、防晒用品、雨具、小刀、打火机、手电筒、绳子、笔、纸、药品、防寒物品、通信设备、电源等),也忽视安全防范(到海边、河边、江边玩时如何防溺水,到山上去如何防蛇、防野兽等诸多方面的因素)和应对突发事件的心理准备等。仅凭着几个人的一腔热血,草率出发,往往会出事故!

2. 藐视与重视

藐视,指人的心理上要大胆面对事情,充满必胜的信心。

重视,指重视方法和战术上的细节,在行动上得细致、小心、到位。

"藐视"不同于"忽视",而是一种在整体战略上表现出来的胆略;"重视"不是"紧张",而是要对战术上的具体细节落实到位。"藐视"要加上"重视"才行。

人要有战胜一切困难的信心和决心。伟人毛泽东说过:"一切反动派都是纸老虎。"这里的"反动派"原意指敌人,从广义上来说,也可指困难、逆境等。不过,这些"反动派"在谁的面前才是"纸老虎"呢?人们应该明白,自己须有实力,同时在精神和行动上的气势要压倒对方才行。还要提醒的是,这"纸老虎"也有"钢"的一面,不可小觑。毛泽东还告诫我们:"在战略上要藐视敌人,在战术上要重视敌人。"

(十一)为何人应学会"示弱"或"示强"

1. 人有时应学会"示弱"

人"示弱"有以下三大作用。

一是当自己遇到别人的威胁而无力改变时,"示弱"往往会使对方降低冲动情绪，减少做出偏激的行为，最大限度地避免自己遭受攻击的可能性。

二是当自己较为突出时，收敛自己的锋芒，适当地"示弱"，不当"出头鸟"，以减少心怀歹意之人的嫉妒和陷害。

三是在与别人做某种"对抗"时，"示弱"也是一种伪装，意在使对方放松警惕，麻痹大意而骄傲狂妄，最后出错，给自己的"反击"创造有利时机。不过这种"示弱"应在对方有骄傲狂妄的表现时用之较有效，否则反而会助长对方气势，起反作用。

注意，事物都有两面性。人不能时时"示弱"。有时，你越"示弱"，越显得自己无能，容易被人看不起、歧视或欺负。

2. 人有时应学会"示强"

当你必须展现自己"阳刚"的一面时，要会"示强"：大胆、有气势，显示自己强大的一面。例如，当你必须从气势上压倒对方时（如比赛）；当你觉得必须要压住某种邪气时；正在进行某种较量，双方都再无隐瞒秘密的必要时……诸如此类，谁正气旺盛、大胆，谁取胜的可能性就大。

当然，人也不能处处"示强"。"示强"多了，自己也很累；同时，别人会认为你并非真正有实力，而是在给自己"壮胆"，内在可能较为空虚。

生活中，人要真实地展现自己，没必要或不必过分去"示弱"或"示强"。"示弱"与"示强"都是人在特定情况下的一种谋略，在关键时刻偶尔用之才有效。

学会识别对方是否在"示弱"或"示强"，并且采取相应的方式应对之，这很重要也很难。

（十二）如何避免因"谨慎"而陷入"优柔寡断"

"谨慎"一般指思考问题全面周到，处事有条不紊、细心、有度。谨慎可以使人少犯错误、减少损失。谨慎的速度虽慢但它没有停止，虽然有时徘徊但是它始终朝着既定的正确方向和目标前进。它是"在慢中求快，在稳中求质"的一种处事方式。

谨慎不是没有胆量、不敢，而是调动一切积极的、有利的因素，排除一切不利的、干扰心态的因素。

"优柔寡断"指抓不住事物的本质、重点和关键，看不清楚目标在哪里，不知道自己要干什么，没有自己的头脑，不会思考辨别。别人说了很多不同的意见和看法，就认为有道理，自己反而糊涂了、乱了，拿不定主意，徘徊不前。或者是自己太胆小，考虑的负面因素太多，将自己吓坏了，迟迟不敢下手，结果失去已经到来的机遇。

总而言之，人处事时，须谨慎，并且用对谨慎。用对谨慎的关键是"心细"并且"大胆"，才不会因过于"谨慎"而变得"优柔寡断"，甚至产生心理压力而焦虑，将事情变得更加复杂难办。

（十三）如何界定大事与小事

党纪国法、安全健康、道德品质、原则性与方向性、不可替代或重来（如机遇）的、付出很大代价的事情等，都是大事。做大事，没有"应该""估计""大概""尽量""还可以""基本上"等词和做法；只有"必须""肯定""一定要""准确"等词和行动。

可复制、可代替、代价小或者可有可无的事情等均可视为小事。

有时，大事与小事是相对来说的。不能片面地认为大事重要、小事次要。"大"是策略、纲领和导向，这些错了，越往下做越糟糕！"小"是具体的细节。"大"由很多"小"组成，没有"小"，"大"只是空谈。记得以前家乡的人盖房子，墙体几乎都是用石头堆砌而成。石头有大也有小，大小相间。若没有大块石头，则墙体砌不成；若缺少小石块，墙体不稳固。大石块像人的骨，小石块像人的关节，水泥和沙土好比人的筋肉。

学会正确处理"大"与"小"的辩证关系。"抓大放小"指两个方面：一是应先做大事，小事和不着急的事等做好大事之后才做，以避免因先做小事分散自己的注意力而影响了大事；二是要抓住主要矛盾，不要让次要矛盾干扰、影响到主要矛盾。

这里必须说明的是，这并非不要重视小事，更不是只管大方向、只讲大道理，忽略过程和细节。须知，成在细节，败也在细节！有些小事做起来简单，却很容易使人疏忽麻痹而埋下隐患。"千里之堤毁于蚁穴"的道理想必大家很明白。有的小事的难度却很大，甚至事关大局，"牵一发而动全身"，故而不能忽视小事。有时候，虽然我们难以具体说清什么才算小事，但是我们必须清楚，小事就在做事的细节之中。

关于"成大事者不拘小节"，是指做大事时，应学会比较权衡，学会取舍，不要过分拘于小节，必要时，牺牲小利益以获取更大的利益，避免捡了芝麻丢了西瓜。

（十四）如何把握好事物的相对性
1. "正确"与"错误"

生活中，有些事情"正确"与"错误"的界限很清楚，如遵纪守法、遵守道德规范、遵守交通规则，不伤害别人，这些都是正确的，不过，也有很多事的正确与否很难界定。站在某种层面和角度看事情，也许是正确的；若换一个角度来看，也许是错误的。同时，处理得当就是正确，处理不当就是错误；适可而止就是正确，失度就变成错误等。究竟是画龙点睛还是画蛇添足，是考虑周全还是多此一举，是精益求精还是过度苛求，这就是"尺度"方面的问题。

"要"与"不要"，"行"与"不行"，"好"与"不好"，道理一样。

特别应注意的是，事物都有正反两面性，不能只看到正面而看不到其反面，只看到好的一面而看不到其副作用的一面。就拿吃核桃来说，人们平常听到的都是讲核桃有多好，从正面来说确实没错。不过，笔者上网查阅核桃的副作用，其中一篇文章谈到过量食用核桃会抑制人体甲状腺素的合成，使大脑细胞的发育受到影响。如果过多食用又不被充分利用的话，就会被人体作为胆固醇储存起来，反而不利于人的健康。特别是小孩，不可过多食用核桃。

"好"的东西，如果急而用错，或者用错对象和时机，或者由于贪欲而过量，都会使原先的"好"转变成"坏"。

2. "不变"与"变"

何为"变"？转换即为变；运动即为变；发现问题即为变；事情来了即为变；学习即为变；改变即为变；环境、社会和人，一切都在变……好与坏，机遇与危机，都由"变"引起。

常有"以不变应万变""以静制动""后发制人"等说法，实际运用起来很难。因为这些都涉及人在面对具体问题时随机应变和灵活运用的本领。

"不变"不是"死"的或静止的，表面上看似静态，内部却是在运动着；"不变"是在为"应万变"做好一切准备，一旦机会来临，即可顺势而上。好比正在进行的排球比赛，一方发球前，另一方的队员站在各自的位置准备接球，表面看似是静止，实际上每个人的注意力都高度集中，眼睛都在不断地观察和判断对方的变化，身体各个部分都处于最佳的应对状态。

"动""变"，都是主动、积极和发展的。"静"是"动"的一部分，"不变"也是"变"的一部分，这和"直"包含于"曲"的道理相同。

3. "进"与"退"

进有进的战略，"进"时须有勇有谋，"进"时要快！从正面来说，有时在"示强"中"进"；从反面来说，有时假装"示弱"，而后"突进"！注意"进"中须有防，强者不可冒进、独进！

如果你是强者，还要懂得：事情未结束，尽管只剩下1%未完成，也不能狂妄骄傲、掉以轻心、麻痹大意、被眼前的假象所迷惑。否则，可能会功亏一篑。

又例如在进行一场乒乓球比赛时，当对方抵挡不住时，你当乘胜追击，一鼓作气，不给对方喘息的机会，切不可"适可而止"，丢掉有利的战机，给对方创造反败为胜的机会。

如果你是弱者，没有取胜的机会时，那就不要逞强，要在保护好自己，不吃眼前亏，尽量减少损失的前提下，采取最好的办法。

如何才能用对"进""退""守"，确实是一个难题。若综合条件对我有利，把握性大，说明时机成熟，就应主动出击，在"进"中发展，在"变"中求进；若综合条件对我不利，把握性小，说明时机未成熟，就应该采取"守势"，等待时机。"守"不是放弃，不是消极；而是隐蔽，养精蓄锐，调整自己的状态，挖掘对自己有利的因素，避开自己的弱点与不足，创造条件，在"守"中寻找时机。一旦机会来临，就能快速应变，抢先抓住有利战机，或出其不意攻其不备，取得胜利。

（十五）为何不能自以为是

不能自以为是的五点原因：

◎ 一句话有很多种不同的说法。

◎ 一件事有很多种不同的做法。

◎ 一个问题有很多种不同的思考角度。

◎ 人在不同场合、不同环境、不同时间里的想法和决定不一定相同。

◎ 别人的想法、看法和做法不一定与你相同；当别人的想法、决定、处事方式等与你不同时，不一定是错的。

明白这些"不同"和"不一定"，在思考和分析问题时，就能较为客观、实事求是、注重变化、灵活运用，而不是自以为是、一意孤行、片面或偏激、生搬硬套，这样才能将事情做得更好。

（十六）为何"理论"不等于"实际"

理论与实际有很大的差距。方案、计划、预测和估算等，都是在理论阶段，未有实际行动；即使原来计划得极为周全，但因为实际行动时人和客观因素都在不断变化，意想不到的情况也常有发生。虽然理论指导实际，但是，理论不能替代实际。理论上是等于，实际往往是约等于。

有时，人对事情的要求是"理论值"，而结果却是"实际值"，两者往往有一定的差距，重要的是看这差距是否在误差允许的范围内。例如你与某人约定某日上午十点整在某地见面，结果双方到达的时间不一定正好是十点，也许提前一些，也许中途堵车或者遇到其他特殊情况迟到一点，或者在临近约定时间时因一方出现特殊变化必须更改原定时间等，这些情况都很常见。

只重视理论而不懂实际，那就叫纸上谈兵；只重视实际而忽略理论的学习与指导，则永远进步不了。

同样，"知道"与"做到"也有很大的差距。"知道"属于理论层面，"做到"属于实际层面。不可在知道正确的道理和要求后，就将其当成是已实现和完成的事情。须知，"知道"是一回事，"做到"则是另一回事。

（十七）为何"有理"时也得学会"用理"

1. "有理"得会"用理"

有一句谚语"有理走遍天下，无理寸步难行"。指的是有理，走到哪里都行得通；不讲道理，会处处碰壁。从理论上来讲，这句话是对的。但从客观实际来看，人必须学习和研究如何"用理"。现实中，有理却将事情搞砸的情况也不少见。

你有理，要讲理，必须符合以下三个条件才行：一是要有让人讲理的环境；二是对方是讲理的人；三是你讲理时须有度，还要用对方式。

如果你有理，却在不给你讲理的地方找人评理，或是你硬要和一个不讲理的人评理，不但会将事情搞坏，还容易与别人发生冲突。当你有理，别人无理，而对方已发出对你非常不利或危险的信号，自己又无法化解或解决时，在第一时间，尽快避开，走（逃）为上策。

对坏人、骗子、不讲理或不懂理的人，不要心存幻想，对他们讲理行不通，得用另外的应对方式。

人与人之间的关系很复杂，即使面对讲理的人，也应注意场合，选对时机，把握分寸，讲究表达方式；同时，你得理，须饶人，给别人台阶下，给对方还理的机会，这才是我们的最终目的。若有理之后不饶人，说话咄咄逼人，甚至出口伤人，这样会引发新的矛盾，也给对方抓住把柄，原来自己有理，现在自己反而变成无理了，这样很不该。

还要明白，讲理与争辩有所不同。讲理主要侧重于说清事情的"对错"，而争辩主要侧重于对问题的看法。注意不要与以下 8 种人争辩：小人、无知的人、不同层次的人、骄傲的人、不讲理的人、情绪激动的人、嫉妒心重的人、虚荣心重的人。否则，往往会得罪别人而自己还不知道，或者与对方发生不必要的冲突。

2. "遵规"得防"违规"

就遵守交通规则方面来说，遵规还不够，不能只顾自己，还得防别人违规！不遵守交通规则的人很多，这方面的事故不少，还有一些非人为的突发事件。总之，即使你遵规开车走路，也要留意身边的车与人等。行车走路，遵规是前提，安全是目的。

（十八）如何处理好"人、事、情、理"之间的关系

1. "人"和"事"

生活中的每一件事，都会涉及相关的人和其他的事，或是这件事是其他事的其中一部分。因此，人在看事和处事时，须注意以下三点。

◎ 不能只看事情的本身，而应关注其背后相关的人和事，做出较为全面的分析和判断，才能少出错误。

◎ 对事不对人，否则会因工作事情的原因与别人发生矛盾和冲突，这样很不好。人缘不好，甚至常与别人发生矛盾的人，常常是在无意中将与别人在工作中的矛盾转变成了个人之间的情感冲突，最后甚至升级为个人恩怨，这很不值得。

◎ 就事论事。一方面，可以防止事情越扯越远、越乱，越说"事"越多，使问题变得更加复杂、矛盾更加尖锐突出；另一方面，这样能抓住"事"的本质与起因，准确地对"事"的性质进行区分和界定，而后进行客观、正确和有效的处理。

2. "事"和"情"

事情，事情，人谈事时往往会涉及"情"。人在处理"事"的时候，要正确处理好情感因素。

◎ "情"要用对地方、用对人，"情"不能代替"事"。包庇、怂恿等做法会害人害己。

◎ "事"与"情"也许会矛盾。人必须理智地处理"事"与"情"的关系。有时，别人做了对你不利的"事"，也许是一时失误，或有难言之隐，并不说明

人家对你无情。体谅别人也是给自己留下一条路。

◎ "事"和"情"分开说。人离不开感情。"事"说完了，在不违反原则的前提下，再来讲"情"。用"情"时须有度，有原则和底线。"情"虽重要，但非万能。

◎ "事"和"情"的先后有着不同的性质。如果别人找你办事，先说事，后说情，往往是正事；如果对方先说情，迟迟未入正题，往往是难事；若对方感情的事说得越多、越重要，则可能事情越难办，甚至不可办，你须加倍小心。如果你求别人办事时，没必要大谈感情，因为感情的深浅彼此心里都很清楚。若说太多感情的话，会使对方不耐烦；若说太多突出感情重要性的话，反而会使对方反感。

3. "情"与"理"不同

"情"的深与浅不能代表"理"的对与错。"理"的对与错不能因"情"的深浅而改变。人在"察理"时，要理智，坚持认"理"不认"人"，防止被"情"所误。

与人说话"有理"也要"用对情"。切忌虽然讲得有理，语气却咄咄逼人，好像在责怪、批评人家。有的人在说话时，当道理、理由都在自己这边，就觉得自己心安理得、占有优势，往往忽视了说话的语气和方式而说错话，将原本好好的事情给搞坏了，这很不该。

关于"情"：以尊重别人和不损害别人利益为前提的是"真情"；以感情为手段要挟别人服从自己意愿的是"无情"；以"情"代"理"是"乱弹琴"。

（十九）如何用对"求人不如求己"

1. 如何理解"求人不如求己"

应当这样来理解"求人不如求己"：

◎ 人生的很多事情，别人无法帮助你，只能自己面对和解决。

◎ 不能对别人依赖性太强、事事求人，而是应少求别人，自己能做到的事要努力去做。

◎ 不能将"求人不如求己"错误地理解为不要求助别人。当自己不懂、无法解决问题的时候，该向别人求助的，就要放下架子，主动、虚心、礼貌、大胆地向别人求助。

2. 应选对求助对象

须注意的是，不可慌不择路，见人就问。尽量不要向以下三种人求助。

◎ 心地不好的人。

◎ 自私的人。

◎ 投机性强的人。这种人会将帮你的事记得很牢，今后可能会找你帮"大忙"，甚至强人所难。

（二十）怎样才能使自己保持理智

1. 时刻保持清醒的头脑

有的人在获得成功，大得、大喜，精神上和物质上获得满足时，容易飘飘然，欲望不断膨胀，孤傲自负，目空一切，感情用事；容易听不进别人的不同意见和劝告，将自己奋斗时的信条、原则和底线都忘得干干净净，去寻找和体验更高、更强烈的刺激！此时，一切邪恶就会乘虚而入。另一方面，当一个人大得、大喜时，也许会有一些心怀不轨的人想尽办法对你大肆吹捧、鼓动或引诱等，如果自己把握不好，很容易犯大错误！

在人生中，"大得"或"大挫"会对原来的生活轨迹形成一股强大的冲击力，此时必须冷静和理智、自律和自控，像开车时稳抓方向盘，才不会失控。欲望，人皆有之，当适可而止；烦恼，人皆有之，自有解决的办法，不必伤心。为此，当人们获得满足或受到挫折时，不可忘记自己的初心，须保持冷静、理智的头脑，自制最为重要。

2. 要有自己的思想

不可对别人过度崇拜。如对名人，或者那些财富比自己多、学历或职务比自己高的人，或者在某专业上很优秀的人，不可认为他们对任何事情的看法都比自己正确，导致自己的处事理念、思维跟着所崇拜的人走。这种现象，表面上看似自己的思想被崇拜所"绑架"，实际上是自己被自己的无知所"绑架"。

人一旦崇拜别人，往往就会忘掉自己。不会用自己的头脑去学习和思考，由崇拜别人变成模仿别人，这很不好。别人的成功是模仿不来的。说出成功的经验固然很珍贵，而那些最重要的、最为珍贵的东西往往是自己无法说出来或者不好说出来的。那些模仿别人的，通常是优秀的一面学不来，却把人家不足的另一面学来了，这很不幸。这也暴露出自己认知不足和自信欠缺等弱点。

对很多能人、成功人士、创造出奇迹的人，我们打心底佩服他（她）们，佩服他们的精神、勇气、智慧。不过要知道，这些你佩服的人，你只是佩服他（她）们某些方面，而不是全部。也许他（她）们在其他的一些方面做得不够好，如有的人在某一专业领域做得很好，但在与别人交流和表达方式方面、身体健康方面、家庭和子女教育方面、权钱与荣誉等利益方面处理得不好。

强人、名人、大人物也有出现低级错误的时候。不要被他们肯定和绝对的回答所"绑架"，不能将他们的思想和决定当成不变的、唯一的准则。这样会害了自己！"佩服"可以，"复制"不行。人应当提高自信，不乱崇拜别人，养成遇事独立思考的良好习惯。

不过，人们不能对那些成功人士的要求过于苛刻，因为人在某些领域投入的时间和精力多了，必然在其他领域投入的时间和精力少了，人有长处也有短处。成功人士，也要有自知之明，好自为之，这才是最重要的。

引导别人将某对象神话的人，也许是无知，也许另有企图，须小心。

3. 不要轻信他人传递的信息

当一位很好的朋友通过微信给你发来一条你认为比较重要的信息时，本着对好友的信任及出于对他人的关心，你不加思索地直接将这条信息的内容转发给其他好友。事后才发现其内容不真实，反而担心自己转发的虚假信息会给别人带来一定的反作用，心里有了一种轻信他人、行事鲁莽的感觉。

生活中，别人传递给你的信息很多，有的是道听途说、添油加醋；有的信息极不完整，或是人为编造等。不可自己单方面想当然，应当学会辨析，不误信，不误传。

以上对 20 个问题的理解和看法，说得容易，用起来却很难。虽然如此，笔者还是觉得有必要将自己的这些看法、感悟和体会写出来，与读者共同探讨。与此同时，笔者觉得阎锡山总结自己一生重大体会的三段话，很有学习和借鉴的价值。现摘抄之，以飨读者。

"义以为之，礼以行之，逊以出之，信以诚之，为做事之顺道。多少好事，因礼不周，言不逊，信不孚，致生障碍者，比比皆是。"

"突如其来之事，必有隐情，惟隐情审真不易，审不真必吃其亏。但此等隐情，不会是道理，一定是利害。应根据对方的利害，就现求隐，即可判之。"

"不解之事，必有隐情；离奇之事，必有玄机；突来之事，冷静判断；拖拉之事，必有原因；不符合情理之事，必有特殊之因。辨析其因最为重要。"

第九章　识人是人生的一门必修课

识人是生存的需要，识人无处不在。

学会识人是人生的一门必修课。如何识人，古人积累了很多宝贵的经验，这方面的书籍不少。然而，时代在变，社会在变，人在变，人与人之间的竞争越来越激烈。人说话表达的方式越来越巧妙，处事的方法越来越高深。人的外表常被披上很多华丽的外衣。人无完人，使得识人更加困难。

一、常见的人性弱点

人无完人，每个人都有很多的弱点和不足。人性的弱点有时很可怕，特别是人性的欲望和贪婪、虚荣和骄傲、不良心态和冲动的情绪等，被影响时会将自己平时清醒时所立下的原则、底线、规则和提醒忘得精光。

以下列举出的人平时较为常见的弱点，意在引以为戒，以使我们在学习、工作和处事时，能时时自省，处处自律，从而少犯错误；在与别人相处和交往时，能时时提醒自己，不盲目崇拜别人、糊涂相信别人而犯错。

一般地，人有以下常见的弱点。

◎ 四种表现：自负、自私、贪婪、虚荣。

◎ 五种心理：猜疑心理、嫉妒心理、报复心理、侥幸心理、顺从心理。

◎ 对所求之事，往往会失度；处事缺乏耐性，怕繁和怕苦。

◎ 爱面子，爱攀比，爱听赞赏的话，不爱听别人讲自己的不足。

◎ 思维易被表面的现象所"绑架"。

◎ 易情绪化、意气用事。

◎ 易好了伤疤忘了疼，重复出错。

◎ 易用错好奇心。

二、提升自己的识人能力

平时在与熟悉的人的交往中,特别是当自己遇到事情的时候,必须留意去辨别谁是真心对你,谁在妒忌你,谁想算计你,谁在激励你,谁在煽动和引诱你等,这是人生存的需要。

识人是多方面的,方法也很多。虽然从外貌可以看出一个人很多方面的信息,但是,这是一门极为高深的学问,其论著很多,本文不加论述。

本文主要从人平时的言行细节入手,了解一个人在以下七个重要方面的信息。不妥之处,敬请读者批评指正。

(一)人品与格局

1. 人品

人品是识人、用人的第一要素,具有"一票否决权"。人品重于能力。有一句话说得好:"德行可以弥补能力的不足,而能力却不能代替德行的缺失。"

生活中,我们可以从一个人的为人处事当中观察对方是否厚道,以便进一步了解其人品。

厚道的人一般具有以下五大特征。

◎ 诚实、守信、守法。

◎ 有良知和公德,有奉献精神。

◎ 与人为善,会感恩,有担当。

◎ 不贪婪、拒绝诱惑,不投机取巧,不见利忘义。

◎ 尊重他人,懂得换位思考;会替他人着想,不损害他人的利益。

注意,人的社会地位或拥有财富的多少与人品的优劣不一定相关。

2. 格局

人看事情的眼光、分析问题的思维、对待他人的心胸、说话和处事的方式等都反映出一个人的格局。

生活中,格局高的人一般有以下表现。

◎ 胸怀大志、淡泊名利。

◎ 遇事时心态端正、情绪平稳，能做出正确的权衡和选择。

◎ 不自私、不势利、不骄傲、不嫉妒别人、不急功近利、不装模作样。

◎ "得"时不头脑发热、忘乎所以；"失"时不怨天尤人，自暴自弃。

懂得什么样的人的格局高，也就知道什么样的人的格局低。

特别是当一个人在顺境时，在大得、成功、大喜之时的言行，最容易看出其格局的大小。一个很会读书的人，如果过于骄傲自满、狂妄、目中无人，这种人往往格局小，如果不会自省并且加以改变，今后难成大器。

（二）个性与健康

人的个性涉及很多方面，如心态和情绪、说话表达方式、学习方式、处事方式、生活方式，以及处事时是否粗枝大叶、急躁、拖拉、刚愎自用等。

健康包括生理健康和心理健康两大方面。心理健康因素藏得较深，容易被人忽视。心理健康重点体现在人对事物的内心表现。是开朗还是抑郁，是懦弱还是坚强，是知足还是贪婪，是宽容还是嫉妒等。了解人的心理健康可以先从人说话和处事时的情绪方面入手，说话是温和还是偏激，看事是先以积极的心态应对还是先以消极的心态应对，处事是理智还是冲动，遇事是否先责怪别人等。一般地，会控制自己情绪的人，即使不是高人也是一个稳重的人。易情绪化的人，处事时存在很多隐患。

（三）欲望

1. 欲望

应了解人对权、钱、物、荣誉、性等的欲望，以及对待这些获取方式，以提防当正义、道德、法规等与权、钱、利益等发生极大矛盾时，心中的天平发生偏向。

2. 金钱观

看钱知人性，挣钱知人品，用钱知格局。

3. 获取方式

"获取方式"是认识人的一个重要窗口。看一个人在精神和物质方面的追求方式，关键在于是否取之有道、取之有度。

（四）工作表现

人的工作表现透露出自身很多方面的信息。工作中，观其以下四种表现，能大致反映出一个人的人品、个性、格局、世界观、人生观、价值观、责任感和奉献精神等。

◎ 是否打工心态，混日子，得过且过。

◎ 是否偷懒敷衍，差不多就行。

◎ 是否态度消极，经常抱怨或责怪别人。

◎ 是否无责任感，互相推诿等。

（五）生活细节

仅从工作表现、手机聊天，或者从别人嘴里说的话去了解一个人还很不够，人必须通过具体的生活接触（如共事、同行、游玩、聊天、吃饭等），才能较为真实地了解、认识对方。

1. 平时说什么样的话，如何说话

话显人性。人在以下五种情形下说出的话往往能比较真实地反映其内心的想法和本性：一是不假思索脱口而出的话；二是高兴或焦虑之时说出的话；三是情绪激动或动情之时说出的话；四是与别人聊天时不经意说出的话；五是酒后之言。

一般地，人在说话时，单从说话的内容和措辞一般可以看出一个人是慎言还是口无遮拦，是实在还是言过其实，是赞同还是反对等。然而，人的感情相当丰富，思想极为复杂，心态多种多样，说话时神态、措辞和表达方式三者往往结合在一起，因此，仅听其说话的内容还不够，还应听其语气、观其形态（如眼神、表情、肢体动作）等。一般地，人在意和关注什么，往往可以从眼神和表情上看出来，从问话的内容言语和表达方式上听出来。如果眼神、措辞和表达方式三者一致，较能说明问题；如果三者至少有一个因素与其余因素发生矛盾，那就有问题。对少数很会伪装的人来说，仅看这三个表现还不够，还要多方面观察。

人回话的措辞、语气和方式等反映出人的个性和修养。一般地，回话和蔼的人，个性较为温和，心胸较为开阔；回话急促的人，个性较为直爽，处事较为急躁；回话习惯指责别人的人，个性显得自以为是，不会体谅和宽容别人；回话太片面或偏激的人，往往反映出自身认知上存在偏差、骄傲思想突出、情商比较欠缺、自控力不足和易情绪化等。

那种在你面前说自卑、泄气的话，说骄傲、狂妄、讥讽的话，说别人的坏话，说对现实极大不满，说与领导、集体较劲、逞强的话的人，有可能是反映了他们的真实心态，也有可能他们只是说说而已，或者他们居心不良，是在有意试探你。不管哪一种情形，你都只能听听，不可顺着这些话头说下去，最好是保持沉默。也不要与这种人聊天。

2. 肢体语言

一个人的内心活动，往往能从肢体语言上表现出来。

例如，与别人说话时，如果一个人认同另一个人，或者产生好感，往往会面部表情舒展、面带微笑、眼神露出善意、目光专注对方，身体不自主地朝向对方等；如果一个人对另一个人产生反感、排斥，往往会面部肌肉收缩、面无表情，目光避开对方、游离不定，身体不自主地与对方拉开距离等；如果一个人在伪装、说谎，往往会有不协调或不应该有的手脚动作，拨弄与之不相关的物品等；如果一个人不自信、胆怯，往往会目光不敢直视对方，或搓手、抖脚，或坐姿不正、站姿不稳等。

人的坐相、吃相，说话的方式，走路姿态，不经意的一个举动，甚至是某种失态等，都是人本性的自然流露。

3. 在别人面前的表现

人若爱说别人过去的"不如意"（错误、挫折，或者以前遇到的困境等），否定别人现在的进步和成绩；或者在与别人说话时，总是要在言语上占上风，神态居于别人之上。这种人不但格局较小，修养也较欠缺，较不好相处。

如果在别人面前过分地展示（或夸大）自己的强项，那么他（她）的内心往往带有某种目的（需要）或者在极力掩饰自己的某些短板。不小心暴露的往往才是真实的，关键在于辨析是否人为故意。

爱与别人争执，经常抱怨和指责别人等，是心胸狭小、底气不足、缺乏安全感的表现，这种人不好相处。

如果一个人处事时神神秘秘，必有隐情；如果一个人表现得与自己平时风格大相径庭的时候，必有原因。

如果将要请教别人的话转换成套别人的话，这种人不诚实。

4. 处事时的表现

处事时注意对方是否有强烈的责任感，细致而不粗心大意、稳重而不心浮气躁，大胆而不畏手畏脚等。

5. 须注意极力在你面前炫耀自己且装模作样的人

这种人一般有三个可能：一是由于感到自己实力不够和安全感不足等方面的劣势，故而想通过炫耀自己来展示自身的优秀和实力，以此来给自己壮胆；二是对方有企图，要么是有求于你、想利用你，要么是想控制你，通过极力显摆自己，使你羡慕，以达到自己的目的；三是想极力掩盖自己的某种缺陷，通过炫耀自己、装模作样以转移别人的注意力。现实生活中，人内在的想法与外在的表现往往相反，越没有的越会"炫"，越不行的越会"装"。切记，不可羡慕别人，否则会使自己上套。

还须提醒的是，小心被一种"隐性炫耀"所吸引。"炫耀"前面加上"隐性"，意指这种人为了自己的目的而采取较为隐蔽的引导方式，使别人关注或羡慕自己。如不直说，通过侧面、间接、隐喻炫耀：说话时，虽然谦虚和蔼、语气低调，却千方百计地在字里行间中透露出自己的某些强项或优势等。

炫耀也是心怀不轨的人忽悠别人的一种手法，让一些虚荣心较强的人心生羡慕，产生好感、信任感，使人消除戒备心理。

6. 识别以"可利用价值的大小"为交友依据的人

这种人，往往与极度自私连在一起，将自己的利益摆在第一位，别人只是自己的一颗棋子。以对方"可利用价值的大小"为交友依据的人,很会建立感情和营造氛围,而后根据对方的需要和弱点进行针对性的"投资"。这种人很有心计,很自私,处处想利用别人,当自己的目的达到后,对你的态度就变了。你得小心,学会识别。例如,营造相应的感情氛围,诱导别人与自己同行一起做某件事,让别人主动进入,出了事情后反而推脱得干干净净;或者利用聊天的机会,在你面前炫耀自己;或者一直强调朋友的感情胜过一切,以及使用一些带有引导性的语言,讲的都是巩固感情的话,其实很多时候都是想套话,或者另有企图。

如果原来彼此的关系一般,现在对你却变得非常热情与亲切,找机会与你多接触联系,请客、送礼物等;或者向你透露对方的一些个人、家庭及其社会关系的优势与长处,故意露出自己"珍贵"信息或底牌;或者充满某种神秘感,话说一半打住,装模作样等,这都是不太正常的情况,要多留心。这样的人或者是虚荣心在作怪,有意抬高自己;或者有一定的目的和企图(如求人、利用人);或者在隐瞒什么;或者在包装自己,为忽悠别人(如提出不合情理、强人所难的求助,引诱你加入对方想要的行列)等目的做准备,你得小心防备,与对方保持一定的距离。对这种人,做到"七不":不羡慕,不贪心,不乱动情,不跟着对方说的思路走,不透露自己和家庭成员的信息,不能与其交往太多、太深,不要与其发生经济上的往来。

注意,细节固然重要,但不可单方面过度放大。

(六)在意什么、喜欢什么、忌讳什么

人会在意自己的短板。人越是没有的、想要的,或虽拥有但不牢固而害怕失去的,就越会在意、在乎。人对于在意的东西,会关注、重复表述、多方了解,会利用一切机会听、看、问,会在细节上显示出来。一般地,人听到和看到后的反应都会显示在意的程度。人只要有所表现,如眼神、表情、说话、动作、行为,必会暴露其需求、动机和个性。

(七)是否有感恩之心、是否言而有信、是否尊重他人

识人的九点注意事项。

◎ 不能只用眼睛看人，不能仅从别人的言谈里去认识对方，因为人会伪装。

◎ 识人要理智、客观，不带有偏见，不偏听，不瞎猜。人"名气"的大小与"品德"的好坏不一定正相关。

◎ 人性难以经受考验，一旦事实与自己的期望值相差太远，或受到打击，或失去希望，或受到极大的诱惑或恐吓，或大喜、大悲时，人性往往会变。又如，有的人以前经历了很多的苦难和挫折，长大后，当自己的地位升高了，名利有了，钱多了，却还不知足、忘掉初心、心态不端、"三观"扭曲，一心只想洗刷以前的"耻辱"而不择手段去索取更多的名利，去寻找更加强烈的精神刺激，最后因走上邪路而毁了自己。

◎ 有一种人常显得不合群，独来独往，这种人也许隐藏着某种不为人知的特殊天分，或者有着自己独特的理念、生活方式、行动目标。既不要排挤他们（他们常常被那些自私、心胸狭窄、喜欢说别人闲话的人说得一无是处），也要有所防备。

◎ 某些方面很出色的人，往往会在其他一些方面显得很笨拙。例如，某些在专业上很优秀的人往往在情商方面显得较为不足，这符合自然规律。如果只看到对方的优点而喜欢一个人，那是远远不够的，你必须去发现对方不足的一面，并且以宽阔的胸怀去包容对方，以自己的正能量去影响他（她）才行。

◎ 一般来说，自私、虚荣、好强、嫉妒心重、心胸狭窄的人，往往会将工作上的不同见解或分歧等同于个人冲突，继而发展成个人恩怨，而另一方却还蒙在鼓里，不认为有那么严重。等事情发生了，才知道怎么去认识一个人。在工作上，当自己的意见（或见解）与别人不同时，没有必要与对方发生激烈的争执和对立，最好是保留自己的意见。

◎ 批评你的人，也许是你真正的朋友；对你态度不好的人，也许另有其因；对你很客气的人，不见得就很可靠。

◎ 即使是你曾经帮助过的人，当你有求于他时，对方也不一定靠得住。你有恩于别人，不等于别人就会成为你的知己。

◎ 家庭关系和社会关系对一个人的成长经历及性格的形成有着极其重要的影响，但不是绝对。例如以前家境贫寒而现在出人头地的人，有的会珍惜这来之不易的一切，积极向上，有奉献精神，创造价值，造福社会；而有的却滋生错误的心态和观念，迷失人生正确的方向，贪心十足，走上歪路！人的过去和经历永远在自己生命里留下深深的烙印。不过，这些只能作为参考，不能绝对代表现在和今后。因为社会在变，环境在变，人在变。

三、交对朋友、用对人

现实生活中，成也朋友、败也朋友的例子不少。应学会识别人，交可靠的朋友。一旦朋友变得品行不端，得擦亮眼睛，保持一定的距离，坚守做人和处事的原则与底线，不为其所骗。

择友须慎重。古人云：近朱者赤，近墨者黑。当然，不能因为这样而不敢交朋友。重要的是找对朋友。要与品行端正的人、正能量强的人、有良好习惯的人、能促进你进步的人交朋友。若长期与消极的人在一起，也会使自己变得平庸。虽然人无法预知会遇见什么样的人，但是人可以选择交什么样的朋友，走什么样的路。

有人认为，结交朋友应广泛一些。这是从所结交之人从事行业的多样性、性格的多样性来说的。一定不要接近坏人、心地不好的人，要学会避开又不去得罪这些人。不要妄想结交这种人可以使自己今后得到"保护"，少受某种威胁。实际上恰恰相反，心地不好的人迟早会害你。

（一）多结交有以下十种正能量强的人

◎ 性格良好、心态端正、为人乐观，有正确的世界观、人生观和价值观的人。

◎ 有爱心、慈悲心、宽容心、有责任感、乐于奉献的人。

◎ 尊重别人、为别人着想、乐于助人、不自私的人。

◎ 善于自省、诚信、谦虚的人。

◎ 淡定、知足、不贪婪的人。

◎ 明智、自制，遇事想得开、放得下的人。

◎ 勤劳、不怕苦的人。

◎ 自信、有战胜困难的信心和勇气、充满希望的人。

◎ 有丰富的知识和经验的人。

◎ 愿意与别人分享经验与体会的人。

（二）不要与以下八种人深交

◎ 无信、无礼、无公德、无爱心、太自私的人。

◎ 贪财贪色、赌性重的人。

◎ 嫉妒心、疑心太重、虚伪的人。

◎ 在别人面前说朋友的坏话，在利益面前出卖朋友的人。

◎ 爱挑别人的缺点与不足，或者遇事先责怪别人的人。

◎ 总想居于别人之上的人，或者势利，看人以身份、财富为基准，瞧不起弱势群体的人。

◎ 看不起某些职业，贬低他人劳动的人。

◎ 不会尊老爱幼、不会感恩的人。

（三）识别一个人是不是你真正的朋友

当你落难，甚至在短期内无法翻身改变的时候，你曾经的朋友如何对你？当你面临极大的经济困难，向朋友开口提出经济帮助时，对方肯不肯尽自己所能帮助你？如果对方远离你，或在你面前用似是而非的歪理引诱你为追求金钱、名利和地位而不择手段，让你突破道德底线、违法违纪，那这些都是别有用心的人。

平时大家在聊天时，朋友肯不肯说出他认为有用的信息或经验？当你请教他时，对方有没有说完整，重要的环节不说或者简单提及而已？处事时会不会考虑到你的感受，还是强人所难？这些表现都能判断对方是不是你真正的朋友。

真正的朋友，发现你出错时会想尽一切办法及时提醒你。如看到你头脑发热，观念和想法歪了、方向错了，或者出现某种隐患的时候，能主动地，甚至是直截了当地提醒、告诫你。也许表达的措辞令人不舒服，或者怕你不在意、不重视而好几次重复提醒强调，不怕你误解或生气，这样的人才是你的真正朋友、贵人。你不要误会并且还要感谢才对，也许是你的朋友觉得事情太重要，但时间又太紧，在言语上的表述无法考虑得那么多。

真正的朋友会感恩。有一种所谓的"朋友"，迫切需要别人的帮助，却又不直说，而是拐弯抹角、诱导对方主动前来帮助。事情完成后，本来应该感谢对方，可是却表现得这事情对自己好像没那么重要，事情完成前的迫切需要与事情完成之后的淡定自如形成强烈的反差。其目的是降低别人的恩情，减少自己今后报恩的付出，或者根本就是在利用你。这样的人自私、小气、心胸狭窄。不过，这并不等于你帮了别人就要别人如何来报恩，这种想法也是小气的。有的人，你帮了他大忙，他很感动，但不会说很多感谢的话，也不会在短时间内报恩，这种人往往是不善表达，但心里却牢牢记住，一直都在寻找机会感恩。

真正的朋友会考虑你的安全和健康。明知你不适合喝酒，却一直逼着你喝酒的人不能深交；明知你是开车来参加宴会，却以朋友所谓的"友情"频频向你敬酒或用激将法逼你喝酒的人，不但不是你真正的朋友，而且是有意加害于你。不要怕不好意思，应大胆拒绝。你的拒绝不是自己的错，而是对方的错。

对于很久没有交往的好友，要先重新了解对方，因为现实社会对人的影响确实太大了。用过去对好朋友的了解来看现在，往往会出问题。要珍惜感情，也要面对现实的变化，特别是在重大问题、重大利益面前，人变化的可能性极大，要会思考和辨析。

如果你的朋友向你提出不符合情理、有违常规、有违法律的"要求"和"帮助"时，说明对方已"变味"，应学会拒绝。真正的朋友应是监督而不是怂恿，敢于拒绝对方向自己提出的不合理的或者突破道德底线甚至违法违纪的帮助或请求。

如果某"朋友"在你面前一直强调"朋友的感情胜过一切""为朋友两肋插刀，不惜一切代价"时，很可能是有求于你，并且事情很难办、超出自己承受的能力和范围，甚至可能违背原则或超越底线。说不定对方会强人所难，或反复说明"就只有这一次"；或者对方故意要欺骗、拉你一起下水、陷害你（也许你以前得罪过对方自己却还不知；或者对方因嫉妒而想陷害你等）。你一定要头脑清醒，不要被别人的"好话"冲昏了头脑,不要因别人的某种"哀求"犯糊涂,不要乱用感情,应学会冷静辨析。在打仗时,战士会冒着自己的生命危险去营救战友。而在和平时代,我们不能违法违纪、昧着良心去"鼎力相助"明明要将你拉下水的所谓"朋友"。"鼎力相助"不是对任何人都适用的,不是什么事情都可以"鼎力"的。什么人能帮、怎么帮、帮到什么程度,什么人不能帮,都值得人们长期学习与研究。

过于胆小、畏情、怕伤面子、怕不好意思的人,往往须亲身经历过挫折与失败才能获得深刻的、惨痛的教训!有的人甚至是反复出错。他们一生得到的经验和教训几乎都要付出比一般人更大的成本和代价。

(四)提防和远离"七种人"

生活中,有的人因嫉妒别人,或者为了自己的利益等需要,想方设法通过说话、聊天等形式,有意对他人施用较为"阴险"的手段,让对方在不知不觉中被下套而出错。

在生活中,须学会识别、提防和远离以下七种人。

◎ 心术不正、心肠歹毒、仇视社会、歪念多的人。

◎ 总想利用你、用歪理对你洗脑的人。这种人往往就在你熟悉的人当中,容易使你放松警惕。应学会冷静和理智,辨别什么是歪理,这很重要。如有人对你说:"什么样的人都应接触之,以扩大自己的人脉。"这是歪理,问题就出在"什么样的人"。或者说:"什么样的事尽可能都要接触一下,以丰富自己的阅历。"这也是歪理,问题就出在"什么样的事"。人应懂得什么人可以交,什么人不可以交;什么事可以做,什么事不能做。

◎ 当你有喜事,出成绩,进步发展时,自己往往正处于兴奋当中,最重要的是知足和自制,不使自己的欲望无休止地膨胀,此时最需要的是朋友和亲人能看到你的不足,甚至是隐患,然后对你发出良言提醒。那些煽动你,让你骄傲、狂妄、目空一切的人,或者怂恿你不择手段去获得更多、更大的名利和地位的人,应警惕且远离。

◎ 故意向你透露假信息，意在让你误信而做出错误的决定、造成重大损失的人，应警惕且远离。

◎ 在情绪上煽动你，妄图引发你头脑发热继而产生冲动；或者经常在你面前抱怨、鼓动你逞强或与单位（团队）领导和同事较劲，以达到自己不可告人目的的人，应警惕且远离。

◎ 了解你的需要，以名利、金钱或物质为手段引诱你认识和结交不该结交的人。

◎ 利用人性的好奇心和侥幸心理，引诱你到一些所谓的"娱乐场所"，蛊惑你触碰"嫖、毒、赌"，甚至用激将法，讥笑你胆小的人，这种人是有意害你，应及时、大胆、坚决地拒绝、远离。

（五）用对人

对他人委以重任，或找委托人、找合作伙伴的时候，关键是找对人。关于识人，前面已讲很多，这里特别强调，人品最为重要，若人品不好，其他一切都成为空谈。并且还要重视考察对方以下六个重要细节。

◎ 贪欲心和自制力等方面。如是否能拒绝钱、权、色等诱惑，不虚荣，不情绪化，守口如瓶，敢于拒绝别人提出的有违原则和底线的要求。

◎ 胆子是否太小或过于畏情，是否过于骄傲、争强好胜。

◎ 结交什么样的朋友，经常与什么人接触来往。

◎ 对酒的喜欢程度如何（贪酒的人易误事）。

◎ 处事是否会独立思考，是否细致。

◎ 是否忠诚可靠，有能力完成你的委托。

四、防骗之心不可无

生活中，骗人之心不可有，防骗之心不可无。

骗子从来不讲什么良心和道理，没有什么"应该"与"不应该"。骗子最会抓住别人内心弱点对人进行洗脑、制造假象，以达到行骗目的。

骗子将心理学运用到极致。

骗子的第一句话都会让对方听起来很舒服，句句在理，能自圆其说。骗子首先高兴的是，你已经和他说了第一句话，或者你觉得想问什么。骗子最不希望你不理睬、不和他搭话，这样他（她）就不能施骗。

骗子会创造一个或多个机会，环环相扣，层层包装，演得极为逼真。骗子很会抓住对方的心理、弱点和需要，特别是在情感的投入方面演得极为逼真，让人觉得这是一个难得的、稍纵即逝的机会，或者给人一种相见恨晚的感觉。因此，遇事时，你所听的、看的还不够，最重要的是要有自己的头脑认真思考，分析事情是否合理，自己不生贪念，才能看透真相不上当。有时，通过观察对方的眼神和肢体动作，可以发现一些有用的信息。因为人在内心活动时，往往忘了提防自己的手和脚。

骗子有时是一伙人，有分工。有踩点、引诱的，有转移你视线的，有接应的等。特别是出门在外，你得小心。科技越发达，骗子行骗的手法越高明。不过，也不必草木皆兵，自己整天处于高度警觉状态，这样也不好。必须把握好这个度。

一般地，这六种人最容易被别人误导、利用或蒙骗：一是太胆小的人；二是太贪心的人；三是太虚荣的人；四是太善良的人；五是太多情的人；六是遇事不会思考的人。

（一）防被忽悠

◎ 不可轻易相信微信信息。无论微信里讲得有多好、多重要、多严重、多危险、多焦急、多真实等，都不可乱信。一个原则，就是不能立即按微信里的要求去做。如果是家里人发来的微信，或者是家里人打来的需要汇款之类的电话，也要打电话向家人核实，避免上当受骗。

◎ 除公益活动外，一切商业活动或广告，谨防夸大其作用和效果，甚至具有误导和欺诈嫌疑的宣传语。一些所谓的无偿服务往往有商业目的。

◎ 高薪、门槛低、头衔大的宣传不可信。有的人创立了各种各样、形形色色的机构名称，头衔很大，格调很高，名称优雅。有的甚至打着政府官员家属、亲戚或某名人的旗号，向你发出参加集资加盟，金融借贷，保险等信息，承诺给加入者极高的回报，好处很多等。其诱惑性很大，切不可贪心。

（二）常见的十三种诱人上当的伎俩

只要是骗局，无论其过程的每一个细节做得多么天衣无缝，也会在某些节点上露出破绽（如眼神、肢体动作）。不过这种破绽极为微妙，很容易被前面的那些"很在理"的话所掩盖而被人们忽视（因为有的人已经被洗脑了）。遇事、听话，要注意发现对方有没有在这些在理的话当中掺杂一些"歪理"，这是识别是不是骗局的关键。

以下例举常见的十三种诱人上当的伎俩，人们须加以防范。

◎ 向你介绍参加某种活动可以使你得到很多好处，并且列举出一些所谓的成功例子，千方百计邀请你加入之。绝对不可全信，"吹"得越神越骗人。亏本生意没人做，回报率越高的投资，越要小心提防，可能是骗局。

◎ 赠人财物，使人失去心理防备。

◎ 了解他人当前急于要解决的问题，夸大危险程度，制造紧张气氛，让人产生恐惧心理而向其求助。

◎ 利用人的虚荣心、贪心、好奇心等行骗，或者使用色情手段行骗。

◎ 调侃。套出别人的需要，了解别人的性格与人品、爱好与习惯。以采取相应的行骗手段。

◎ 在认知、理念和导向上诱导，使人就范。

◎ 利用心软之人的善良和无知行骗。

◎ 吹嘘自己的实力，或者将自己打扮成某名人，专家；或者称自己是佛教、道教弟子；或者自己有亲戚、朋友当官，并且彼此关系极好等。

◎ 利用人们的"从众心理"行骗。

◎ 用"命运论"误导，用神鬼吓唬人。

◎ 转移别人的注意力。

◎ 在人的亲属关系上做文章。如装得跟你的亲人、朋友关系很好，拉近彼此之间关系的距离，为自己的行骗营造氛围。

◎ 将自己装成需要帮助的弱势群体行骗。

第十章　学会保护自己

　　人要有自我保护意识，学会自我保护的本领，这是高级思维动物最基本的生存要求。

　　如果你处于人生成功，或大得、大喜之时，自己的一切都是那么的如意，无忧无虑，那么你必须重视自保，学会自保，学会低调，学会做人，切不可飘飘然，忘乎所以。因为人性复杂，一些心怀不轨的人的内心正在诅咒你，甚至在谋划陷害你！

　　如果你在生活和工作中，超越、领先别人，那么你也须重视自保、学会自保，因为别人的嫉妒往往会给你带来意想不到的伤害！而你在此之前却浑然不知。

　　如果你对自己各方面都很自信，在你所处的自然环境里，你更应该重视自保、学会自保，因为你的优秀和强大，在大自然面前，是那么渺小、不值一提，切不可与大自然较劲！狂妄，会毁灭自己！

　　如果你拥有正直和善良的优秀品质，却不会保护自己，那么这些所谓的优秀品质会反噬自己。

　　一个不会保护自己，自保意识淡薄的人，迟早会付出沉痛的生存代价！

　　一个将保护自己的责任推卸给自己家人的人，是一个靠不住的人，是一个极度愚蠢的人。

一、不暴露自己的秘密

　　人的秘密一般指三个方面：一是个人（包括家人）的信息；二是隐私；三是想法或态度。

　　现在人与人之间的竞争越来越强，人与人之间的关系越来越复杂。切记："事以密成，语以泄败。"暴露不能说出的秘密，容易遭受小人陷害；暴露自己的想法，容易招来心怀不轨之人的破坏；暴露自己的弱项或瑕疵，容易招来小人的欺负；暴露自己不为人知的强项，容易招来别人的嫉妒和打压。暴露自己的想法和弱点，好比打牌时，将自己手中的牌亮给别人看，结果必败无疑。

（一）保护好个人信息

个人信息包括手机号码、工作单位、工作简历、身体健康、经济情况、家庭住址、家庭成员信息、社会关系等。在工作中，或者在自己熟悉的人际圈子里，虽然会不可避免地暴露自己的信息，但是，不要过多地说自己的信息，这样对自己不好。别人对你了解得越多，你会显得越不自在。

如果别人或者刚认识不久的人老是变着法子问我们的私事、家庭信息、生活细节时，必须警惕，要想办法拒绝回答。人的直爽，不是指别人问你什么你就回答什么，三言两语就把自己的底全盘托出是无知和愚蠢的表现，别人也会由此而看轻你。

（二）不暴露自己的隐私

人在三种情形下容易暴露自己的隐私。

◎ 当自己对别人动情或情绪失控时，容易脱口而出说出自己的隐私。

◎ 为了表明自己对别人的真诚时容易说出自己的隐私。

◎ 在极力表现自己时容易暴露出自己的隐私。

为何人在以上三种情形下容易暴露自己的隐私？主要原因是自己想取悦别人以得到别人的认同，其根源在于自信不足和胆小。其实，想通过说出自己的隐私为代价来换取自己想要的，这种行为很愚蠢，不但不会如你所愿，而且是自己给自己挖坑。

（三）不暴露自己的想法

与别人打交道时，不可自以为是、想当然，过度显露自己的善良和诚实、说出自己的想法，这样很不好，反而暴露出自己胆小、软弱和愚昧。如果对方心术不正，则会给自己带来隐患！即使不是，自己办事的代价往往会增大。应当神态自然、不卑不亢、相互尊重。不可因为别人在你面前讲了一些"真心话"，你就认为遇到知己，将自己不该说的秘密或想法说出来，那样很糟糕！有些心怀不轨的人通过说一些"真心话"来骗取别人对自己的信任，套出别人对自己说出的真心话。

这里强调以下四点。

◎ 如果为了提高自己的价值，有意让别人知道你知道别人很多事情或秘密，这是一种极为无知和愚蠢的做法，有百害而无一利，甚至会给自己招来祸端！

◎ 如果你在无意中知道了别人的秘密，应永远守口如瓶，不可因好奇心而追问。如果别人打听，不可露出你已经知道的神态，不可表现出很在意的样子，更不能接着对方的话头往下说，最好装作没听见、装糊涂。

◎ 与别人说话时，不要将话头引到自己身上来，说自己的事。

◎ 你的手里至少应有一张别人不知道的底牌。

二、切勿激怒别人使其沦为"垃圾人"

现在媒体报道的有关在言语上伤害别人的自尊，或者强硬的回应方式让对方接受不了；或者欺人太甚，由此引发对方因冲动失控，不考虑后果的过激行为而对自己生命造成极大伤害的案例不少。

有的人负面情绪特别严重，如果遇到很不顺心、很恼火的事情，倘若这些没有被逐渐淡化或消除，而是不断积累叠加，达到一定程度时，再受到别人言语上的不逊，或开错玩笑、或嘲笑、或用错激将法等时，会觉得自己的自尊心受到极大的伤害，心中的所有"垃圾"瞬间倾泻出来！甚至可能会做出一些危险可怕的事情。最可怕的是"三不考虑"：不考虑方式、不考虑后果、不考虑代价！"冲动是魔鬼"的要命之处也就在这里。

不要引发别人的恶意和冲动！不能给别人留下威胁或伤害自己安全的条件与机会。电视剧里常见到这样的画面，某男人对坏人大声嚷道，"有种的，冲着我来"等类似的台词，而坏人就真的被镇住了，然而，在现实中不可能这样。电视剧里的这些只是供人消遣娱乐的，事实却恰恰相反，因为坏人的思想动机本来就不好，而此时坏人正处于冲动和极端情绪的节点上，这些话表面上听起来好像正气十足，其实是在对坏人火上加油，是激发坏人冲动、迅速做出极度偏激行为的导向性语句，一点就爆！人，在自己弱势时不可糊涂，更不可乱用激将法。

网上有关"垃圾人""垃圾人定律"等的文章不少，这里，笔者提出自己一些看法，供参考。

（一）容易冲动沦为"垃圾人"的人

三种人容易冲动沦为"垃圾人"：认为自己受到别人的侮辱和欺压，自尊受到极大的伤害，感到非常耻辱、颜面尽失的人；或是觉得自己的一切希望已破灭、已经没有退路的人；或是当前的结果与自己原先的期望值相差太远，甚至截然相反，自己之前所有的努力都前功尽弃的人。

要学会识别"垃圾人"。有时，退让是一种智慧。以人财富的多少、职位的高低、名气的大小、学历的高低等来判断一个人的自控程度，来认定对方是否可能成为"垃圾人"，这种想法是极为错误的。

（二）小心别人的沉默

如果你与别人发生矛盾和争执之后，对方突然保持沉默，至少有三种解读：一是对方觉得争执没有意义而沉默；二是对方退让，以求自保；三是对方表现得极为冷静，但眼神犀利或怒目，露出凶相！最后一种最危险！特别注意，当脾气暴躁的人突然沉默时，或显得极为"镇静""弱小"，这种反常特征往往是在酝酿如何反击的表现，是冲动的前兆！切不可错将别人的沉默当成胆小和懦弱而咄咄逼人，否则容易出大问题！

（三）"病毒人"

引发别人沦为"垃圾人"的人是事故的"因"。其根源是不尊重别人。有时，一句伤害别人自尊或超越别人忍受极限的话，就会成为激发别人产生极端情绪、引爆别人沦为"垃圾人"的导火索！引发别人沦为"垃圾人"的人被称为"病毒人"，这种说法一点也不为过，因为"病毒"是破坏者。其实，最先被"垃圾人"伤害的往往也是"病毒人"。

以下"六不"可以降低对方对自己伤害的可能性。

◎ 不伤害别人的自尊。

◎ 不捅别人的痛处。

◎ 不揭别人的瑕疵或隐私。

◎ 不突破别人忍受的底线。

◎ 不将别人逼到无退路。

◎ 不乱用"反向表达"或"激将法"。

三、防止被你熟悉的人伤害

有时，成也亲友，败也亲友。

现在媒体、报纸、杂志报道的由于自身走入歧途（如吸毒、传销、网贷、赌博、诈骗、敲诈）而引发拐骗亲人、同学、朋友等的案例很多，这里暂且将这种情况叫作"亲友伤害"现象。

（一）防止被"亲友伤害"的六点提醒

对你的亲人，"尊重"既不等同于相信，也不等同于顺从；"帮助"既不能没有分寸，也不能失去原则。处事，应有自己的主见和底线。

◎ 无论是同学、熟人，甚至是亲戚，如果他们邀请你投资或合作某项目时，你必须重新了解对方近阶段的表现和人品。若人品有问题，应当想办法拒绝；若对方人品没问题，也不能一味听从，要学会独立思考，有主见。

◎ 如果有人有求于你，但对方又觉得没把握，而后找你的亲人或同学，或跟你很好、很密切的人帮忙说情。此时，你得想好：一是事情是否在原则和底线的许可范围之内；二是求助对象的人品及真实情况是否了解。二者可作为判断该不该帮或帮的程度的依据，切不能从对自己亲人或很好的朋友的感情出发来决定帮助间接求助于你的人。

◎ 当亲人有难时，要尽你所能去帮助。但不能糊涂地满足对方一而再、再而三提出的一切要求，甚至是违反原则和底线、犯法的事。帮助亲友应有底线，对有违道德、法律的事，不能怂恿，也不能参与，而是要及时给予警告和阻止。不能以常人、有理智的人的想法去看一个已经变了样的人的想法。人一旦变了，一切都让你无法猜透。

◎ 亲情最具有"欺骗性"。亲人、好友向你提出意见、要求，或谈对某件事的看法，或说出某个信息时，你不能认为大家彼此感情都很好，对方是真心对你、不会骗你，是为自己好而全部听信。须知，"真情"不能代表"正确"，亲友也会出错，也许对方只是说说而已，不一定完全了解和明白；也许对方是道听途说，传到你这里话已经大变样了；也许亲友也被别人洗脑过而受骗。即使不是这样，由于每个人看事物的角度、取向、眼光等方面的不同，每个人的实际情况、需要和习惯等方面也不一样。你的思维、想法、选择等方面不能在无形中被对方的思想所"绑架"。要学会辨析出哪些是正确的，哪些是错误的，哪些是假的，哪些是适合自己的，不能糊涂跟随。

◎ 不是所有的亲人都能委以重任。有的人虽有能力，却在人品、自制力等方面有问题；有的人虽诚实，却办事呆板和幼稚；有的人处事积极主动，任劳任怨，却很容易用错感情而办错事。用人须考察、有原则。注意三点：一是"信任"别人须有度；二是"培养"与"委以重任"是两码事；三是"关照"别人不能无视规则。

◎ 如果你身居要职，一定要公私分开，公事公办。公家的事情到单位说，在家不说、不办公事；公物和私物分开，公物不存放在家里。要严守机密，管住自己的口：无论是对父母、妻儿，还是亲密战友、同学、同事、发小，甚至是知己，都要守口如瓶。这不是不信任对方，而是遵守纪律和原则，也是保护自己的需要。如果你连自己都做不到保守秘密，别人更不会替你永远保守秘密。况且，一些心怀不轨的人都会想方设法从你的亲朋好友嘴里打听信息，这点必须注意。

（二）防备你身边的六种人

◎ 与你有共同利益关系或追求的目标一致的人，无论是在你做事情之前还是在取得成绩之后。

◎ 平时被你的强势"压住"的某些人。

◎ 你曾经得罪过的人。

◎ 对你不满（由你领导的集体制定的规则影响到某些人的利益等），或者工作方式、工作意见与你不同的人。

◎ 嫉妒心重、心术不正的人。碰到这类人应做到"四不"：不要与之关系密切、不要与之结怨、不要与之斗气、不要接受其恩惠。

◎ 近阶段对你特别关注或主动接近的人，也许喜欢你，也许有目的。

四、学会保护自己

（一）长相优越的人更要学会保护自己

事物都有正反两面性。人的美貌能使人增添自信，也可能会给人带来不少麻烦和考验。关键是如何看待和把握自己。

有时候，长相优越的人会比长相普通的人获得更多的优待，但绝不可因此过于骄傲、飘飘然。假如你说出自己喜欢或想要的，周围常有一些人会想办法帮你。在一段时间内，你会觉得自己比其他人优越得多，其实这都是假象，不可忘乎所以，失去自我防护意识。

长相优越的人在比较小的年龄阶段就会受到外界很多物质和名利方面的诱惑。因此，长相优越的人人生遇到的考验会比长相普通的人更早、更多。

长相优越的人更要有识人和辨析事物的能力，防止被别人忽悠或误导；要有更强的自制力和保护自己的能力，防止被别人诱惑或伤害；学会守住自己的秘密，防止被别人利用或掌控，特别是那些胆小、善良或重感情的女孩子。

以下对长相优越的人提出六点建议，供参考。

1. 提升自己的实力最可靠

人的美貌不是本领，也不是实力，更不能证明自己的价值。人须学好生存本领，增强生存实力，才能体现自己的价值。一切要靠自己，不要将自己的价值建立在依靠别人的基础上。

2. 坚持原则和底线

学会大胆拒绝别人对你提出的不合理的要求，也不要随意接受别人的宴请。拒绝熟人或朋友邀请你单独到娱乐场所、酒店，或陌生场所，或人烟稀少等地方谈事情，也不要随意进入别人的私人房间。你的拒绝是正当的，这不是你的错。与人谈事情，应选在较为安全的地方。若参加活动，则须有多人参加；单独赴约，多有不便，甚至有隐患，应尽量避免。

3. 不贪婪

要控制对名利和物质上的欲望。须知，世上没有免费的午餐。不要幻想从别人那里得到好处，不要接受别人无缘无故赠送的钱物。记住，不劳而获、无功受禄，会掉入别人给你挖的坑，被别人所控制。如果以后对方向你提出让你难以接受的要求时，你拒绝的难度就大了；若对方用讨人情的方式相要挟，拒绝的难度就更大。如果发现自己开始走入对方布局之中，更需要清醒、理智，要有原则、有定力，不要怕不好意思，不要怕对方施压，敢于拒绝。此时，你的"忘恩负义"是对方逼出来的，不是你的错。你要下狠心跳出对方之前设下的陷阱！有些人由于自己的糊涂和愚昧中了对方设下的感情圈套，或者发现后不敢拒绝，最后付出沉重的代价！

不要羡慕别人的金钱和财富、名利和地位。羡慕别人就是暴露出自己心理上的自卑、精神上的空虚、需求上的贪婪。给自己埋下隐患。

4. 不要想高别人一等，也不要和别人攀比

人都有优势和不足，人没有可比性。总拿别人拥有的来对比自己没有的会使自己产生挫败感，忘了自己该做什么，或者走极端，不择手段，这很危险。

须知，人永远有不完美、有不足。人的某些不足，即使你用毕生精力去改变，也难以大幅度提升，能改变多少算多少，不要强求。

5. 感情的事应慎重，进场容易退场难

平时，要学会控制自己的感情，不可太多情。太多情的人的思维很容易被"情"所"绑架"，被别人忽悠，导致看错人、看错事、犯糊涂而做错决定。如果你对别人太多情，对方还可能会想你对我示好，或许是想寻求帮助，或许想从我这里得到什么好处，这对自己很不好。实际上，人太多情不能说明自己的善良，反而暴露了自己心太软和太糊涂的致命弱点，还会给心怀不轨的人可乘之机。

也不可随意送东西给异性朋友，送物品给别人，说明你与对方的关系较为密切，送的物品越贵重，说明你越看重对方。还有很多难以说清楚的地方，如一个女孩子送东西给异性朋友，无论其物品贵重与否，至少说明了你的某种态度，须小心谨慎，如果给异性朋友造成误会，那就有麻烦了。

6. 不要轻信他人

当别人对你提供很有用的信息，甚至不用任何成本即可实现自己很需要的愿望时，一定要谨慎，独立思考，不可以对方与自己关系的密切程度来判断事情的真伪，不可贪心。

当别人有难事或不合理之事，甚至是有超越原则或底线的事，求于你，同时对你作出诱人的承诺时，不可信。糊涂、贪心是被承诺"绑架"的罪魁祸首！

（二）不要上别人"激将法"的当

有时，"激将法"是引发别人冲动的一种手段。例如，对方说，"你敢吗""你敢不敢""你有这个能力（耐）吗""你有这个本事吗""我认为你没有这个胆量"，这些都是激将法，对方都是有目的的。这种目的是不好的较多。善于施展激将法的人很会利用人的弱点，抓住人的心理，控制、引导人的情绪，而后营造气氛，制造假象，让你不知不觉地上当。

人须明白，人都在为自己的行为买单，别人替代和帮助不了。其实，承认自己不会、不敢、不要，才真正需要胆量和智慧。承认自己不敢不是胆小，因为人们不敢的地方确实太多了。你敢不敢是你的事，我敢不敢则是我的事，你敢不敢和我敢不敢没有关系，不要干预别人。为了面子，以取得别人表面、口头上的赞赏为荣的人最为愚昧无知。

注意，有的"激将法"非常隐蔽，即故意将自己表现得极为软弱或劣势，"贬低"自己，甜言蜜语，抬高对方，引诱对方头脑发热、逞强，使对方上当。应注意识别。

（三）不要被对方"绝对没问题""我负全责""我保证"所蒙骗

人，要用自己的头脑去思考，要有自己的主见，不可太依赖和相信别人。你的事情最后都是你自己负责，别人不会替你买单。

（四）不可错用感情

1. 不要被"情"所误

熟人不一定全都是你信任的人。熟人与好人不能画等号。

人最容易被"情"所误。在"情"面前要冷静和理智，要有原则和立场。别以为你很聪明会用脑子，绝大部分的人在感情面前都会成为"糊涂虫"。

不起贪念，不乱发善心，不能仅从别人的外貌、情感和说话等因素去辨别真伪。老实人、胆小的人、糊涂的人很容易被"感情"所误。

对你大打感情牌的人，往往有三种可能：一是叙旧；二是对方安全感不足；三是对方有目的。对于第三种情况，若对方有难办之事要求助于你或者想利用你，你须理智、谨慎应对。有的人就是被"怕不好意思"害了一辈子。特别是与你关系一般的熟人对你大打感情牌时，更应引起足够的重视，小心应对。

2. 合作有原则

与朋友合伙，或投资或借钱给朋友，必须真正了解对方，认真评估对方实力，判断投资去向是否真实等。要提防说得很好听、透露很多优势的人。一切合作，均要立字据为证。先小人，后君子。如果一个人借钱投资额超过自己的承受能力，大风险就即将产生。超过越多，风险越大。

3. 搞清朋友来访目的

很久没有交往的朋友突然来访，可能是对方对你思念，办事时顺路来拜访你，也可能有事求于你。若对方用很长时间谈以前彼此较为深厚的感情，或总在夸奖你，而后才慢慢进入要说正题的话头，却又不直接挑明，观察你具体如何反应后再说，这种人情商较高，应引起足够重视，求你帮忙的事往往是难事。

（五）用对好奇心

不可乱用好奇心。如果明知不可说而说、不可问而问、不可试而试、不可为而为、不可知的也想知等，最后会害了自己。

很多东西，人们一辈子都不能对其有好奇心，如嫖、赌、毒。

（六）出门在外，须防万一

从生存、安全的角度来说，人都在为消除隐患、预防或应对"万一"而学习训练，从而形成良好的习惯并将其转化为人的自我保护，这是应对危险和突发事件的一种本能。特别是出门在外，应有戒备心理。不要给自己制造埋下隐患的可能性，不要使自己进入存在安全隐患的环境，以防万一。

1. 出门有四防

防交通事故、防溺水、防坏人、防危险的自然环境。

2. 人到异地，入乡随俗

每到一个生疏的地方，都要适应新的情况变化和要求，先了解当地的习俗、风土人情、生活环境、生活习性，最喜欢什么、最讨厌什么、最忌讳什么，不能做（说、问）什么等。还要了解此处与自己家乡的最大不同点在哪里，有哪些注意事项等。说不定自己家乡认为不错的事物就是别人不习惯或厌烦的东西，说不定我们平时司空见惯的口头语就是别人最忌讳的话；反过来，你听到的某些"坏话"也许就是该地方的口头语，别人不是在骂你，不要误会。到生疏的地方，不管对谁，一定先要有礼貌、诚恳的态度，虚心地向当地人学习、请教、询问。遇到不清楚的事或者离奇、反常的事要问，你会有不少意想不到的收获，减少很多麻烦与失误。有些是当地人认为的大忌，是不能说、不能"碰"的东西（地方），我们要尊重他们，切不可认为这只是"迷信"。每一个地方的习俗都有其深远的历史背景，不要故意去"触霉头"，也不要妄加评论，要管好自己的口，这不是胆大和胆小的问题，不可逞能。人到了生疏的地方，势单力薄，入乡随俗是保护自己的需要。

到外地办事时，先拜访当地的老前辈，这很重要。一是建立友谊，得到当地人的支持和帮助，方便做事；二是了解当地的习俗，以达到较好的做事效果。

3. 应关注周围一些常见的、不起眼的细小事情

比如关注坐车的样式、颜色、牌号，开车人的性别、身体特征（如高矮、胖瘦，大致年龄）、穿着打扮、声音特点或口音、长相特征（如脸部某个地方有颗痣等）；要问清楚道路周围具有标志性的建筑物名称，要观察周围举止行为异样的人。不是说，不记下这些信息就会有生命危险，应该说，记下这些信息，也是自我防护的一种本能。

4. 小孩、女性、老人、带孩子的人更要有自我防护的意识和本领

大人带孩子外出时，切勿玩手机！特别是自己一个人带孩子时，不要到人少的地方游玩。当陌生人靠近时要警惕，不能远离孩子去帮助陌生人（帮忙照相等）。你的视线和身体永远不能离开孩子。你带孩子时没有义务去帮助别人。你带孩子时不帮别人不是你的错。切不可用错善心。若遇到此情形，告知对方向警察或其他人求助。

不要让自己的孩子与陌生人的孩子一起玩，特别是在车站、机场、码头、公园等人多复杂的地方。

在路上走的时候（或者带小孩等），如果陌生人、汽车、摩托车一直不断地靠近你，那十分危险！想办法跑到安全的地方去。

5. 有时有理也应忍让

出门在外，在没有安全保障，甚至是危险的情况下，即使自己有理，也不要硬与别人争执，咄咄逼人，这样容易给自己带来安全危险！因为社会上不讲理的人有的是。要学会吃亏和忍让，安全第一。

（七）避免惹祸上身

1. 不要对别人许下承诺或作借贷担保

承诺，就是责任。人一旦对别人许下承诺，就没有余地，一定要记得兑现，对方也会记在心里。若无法完成，就等于欠别人的。你若忘记，造成误会，最后反而会落下一个言而无信的名声。人的一生许下的承诺越少越好，否则，由于长时间将承诺记挂在心，将会给自己造成不必要的精神和心理负担。承诺的话不能随意说，即使有百分之百把握，也不可将话说到底。承诺可以放在心里，但不要被别人诱导许下承诺。

任何人没有替别人的借贷做担保的责任和义务。记住，拒绝给别人做担保是一件光明正大的、正确的事情，而不是一件不好意思、难以启齿的事。须知，担保人和债务人都必须承担风险，而且还要负起相应的法律责任。生活中，给别人作债务担保而产生种种经济纠纷，给自己的生活带来很多、很大麻烦的案例不少。如果你要给别人的借贷做担保，那你必须要有应对万一别人无力偿还，甚至是背信弃义时的办法，要具有能承受得起由此造成的一切严重后果的实力。

不给别人做债务担保必须做到两点：一是理智，坚持原则，不可畏情；二是不可贪心，如贪图别人的小恩小惠，相信别人对你许下的承诺等。

2. 避免惹祸上身六点建议

◎ 不要替别人接受任务。

◎ 不要替别人出所谓的好主意或决定事情。

◎ 不要管闲事或因好奇而介入与自己无关的事。

◎ 不要向小人、心怀不轨的人借钱或寻求帮助。

◎ 当有的人正要做一件自己必须负有很大责任的事情时，心里感到不自在，因而问你这样做好不好、行不行的时候，不可回答。

◎ 不可自作聪明地去调解亲朋好友的家庭纠纷、感情纠纷和经济纠纷，以防止无意介入给自己带来不必要的麻烦，或者因一方误会你偏袒另一方或另有企图，而引火烧身。

（八）"拒绝"别人有智慧

前面不少地方都有谈到有关"拒绝"的话题，这里有必要重提。因为学会"拒绝"是人自保的需要，是一种重要的能力。有的人因不会拒绝、不敢拒绝别人对自己提出的不合理要求而犯错，甚至错将这种做法当成自己的善良，这是典型的懦弱和糊涂的表现。这里需要说明的是，不是别人对你提出的要求都拒绝，而是应分辨哪些可以接受，哪些不能接受。接受的事情，应当学会变通；不能接受的，应果断拒绝，不必担心别人误解甚至记恨。因为这不是你的错，而是对方的错。应当注意的是，当你拒绝别人时，没有达到对方的期望值，对方心里肯定会不高兴，因此，拒绝别人时必须讲究策略，大胆，不露出怯意，因为你没有错。与此同时，应注意说话的方式和语气，不伤害别人，给对方台阶下，避免出现一些不必要的麻烦。

无论是谁，如果以种种理由、手段等对你提出超越原则和底线的请求时，你用一般方法拒绝难以奏效，对方还会死缠住你不放，那你必须以大胆和坚定的意志力护航，不受其诱惑，不接受其好处，不相信对方对你的承诺，不受对方的思想和情感绑架；同时，变被动为主动，指出对方的错误，责怪对方的强人所难，甚至反问对方的真实用意等。这种"朋友"或"亲情"，不要也罢。

（九）关爱自己

拼命工作，精神可嘉，但不值得提倡。命不是用钱就能买回来的，你的健康牵系着整个家庭的幸福。奉献不是拼命！若拼命工作，却忽略了自己的健康，忽视了家庭、亲情，忽略了对子女的教育与培养，即使最后有钱了，又有何用？

五、助人有智慧

当别人向你求助时，要先识人和辨事，以防帮错人或帮错事给自己带来麻烦，避免自己上当受骗；即使要帮助，也必须在自己人身安全有保障的前提下才行。

（一）助人要有好心态

助人，是在为自己积德。给人方便，就是给自己方便。美国总统华盛顿的父亲说过一句很经典的话："如果你帮助他得到他想要的,你就能得到你想要的。"这里不妨再加一句："如果你无法得到，那就成全别人。"

一般情况下，当别人有困难向我们求助时，我们应当尽力伸出援助之手。你帮助别人一时，别人会记住你一世。但如果总要别人来感恩自己，就变成一种交易，会失去助人的真正意义和价值。

必须注意的是，要在尊重别人、考虑到别人自尊的前提下去关心和帮助别人；在助人的过程中，不能忽视别人的人格和尊严。反过来，如果别人帮助了你，你要珍惜和感恩；如果别人帮不了你，你也不要心生怨恨，因为别人没有一定要帮你的义务和责任。

（二）助人一般有以下三种形式

一是言助，教化、鼓励、启发、指导、提醒等；二是物助，如提供财物上的支持；三是力助，身体力行，为别人提供方便。

（三）不可用错善心，可能适得其反

生活中，想助人、做好事等而被骗、被害的案例很多，其根源在于用错自己的善良。因此，人不可乱用自己的善良，处事时，应明辨是非，明白人与人之间的界限，坚守原则，有方法，有分寸。

以下三点看法，供参考。

1. 不可帮倒忙

有的人是将好事做过了头，强行"拆除"别人应该面对的和承受的，将这些转移到自己身上来，使自己付出本不应该付出的代价！这类"好心人""糊涂虫"至少犯了以下四种错误。

一是在别人不需要帮助时，没有征求对方的意见，自作主张，表面上是在帮别人，实质是在影响和干扰别人，或者是帮助方式与对方的意愿相违背，甚至将对方的事情搞砸。

二是在帮助别人时伤害到对方的自尊心。如挖苦或讥笑对方，或说出一些不得体的话，误以为你帮了别人，对方自然不会计较。

三是帮了不该帮的人。

四是帮了不该帮的事。

2. 单独助人危险隐患很大

如果你认为对方确实需要帮助而且自己有能力可以帮助时，也须在确定自己在没有安全隐患、周围有旁人在场、有一定原则和底线的前提下帮助对方。同时，注意"帮"的分寸，不可全部满足对方提出的所有要求。帮后即离开，不要因为对方表示今后要感恩而说出自己的任何信息，如住址、姓名、手机号、家庭成员，否则会惹麻烦。如果被帮助者（特别是出门在外）老是缠着你或一直想和

你说话，这不是好事，赶快离开。如果你帮助了别人后，此人经常找你帮忙，你也要小心，要与之保持一定的距离，不要有太深的交往。

3. 明察什么样的人求你做什么样的事

当熟人向你求助时，若对方确实需要帮助而你没有足够的实力、无法帮助对方时，应注意言语上的回应方式，态度上也应亲切温和。有一种帮不了别人而得罪人的原因就是自己的回应方式无意间伤害了对方或让对方产生误解。如果你认为该帮且有能力帮助，可是具体做起来并不简单，或有一定的困难时，那么你应注意两点：一是注意回话的方式，让对方明白事情的难度，并且表明自己一定尽力而为；二是不可急于在极短的时间内完成，不要给自己造成太大的压力，帮助别人需要一个过程。

有的人在向别人发出求助时，心态不好，总以为对方必须帮助自己，总以为对方能轻而易举做得到，或者总以为对方能及时满足自己的愿望，遇到这样的人向你求助，尽量拒绝。

人性的善恶是无法从对方的外貌和说话时的表情看出来的。违反原则、超越底线、强人所难、损己利人、感情纠纷、经济纠纷等的事都不能帮。

对以下八种人的求助，应当谨慎。

◎ 无爱心、无良知、坏心肠的人。

◎ 无诚意的人。

◎ 薄情寡义、不会感恩的人。

◎ 太虚伪的人。

◎ 自私心重、嫉妒心重的人。

◎ 无责任感的人。

◎ 爱占别人便宜的人。

◎ 太骄傲、看不起弱势群体的人。

无论对方表面看起来有多糟，无论对方说得多令人同情和怜悯。一直想将自己塑造成为大好人的人是极为无知和糊涂的人。须知，同情可以，糊涂不行。要学会用自己的头脑思考，学会辨别善恶。

第十一章　家是人生的"大本营"

人人都需要有家。家是人生活的港湾,人生旅途的驿站;家是爱的起点,人生的最后归宿。婚姻,是构成家的最重要因素。青春无价,时间不可逆转,时间不可耽误。

一、婚姻

(一)婚姻

"先成事业,后谈婚姻"这句话过于绝对。不可否认,人的事业和实力是婚姻的一个客观条件,而有的人却将婚姻和事业严格分开,误解为"事业"就是当了老板,赚了大钱,等自己一切就绪才来谈恋爱和组建家庭。殊不知,这样往往会使人错过最佳结婚年龄而带来很多的烦恼。

其实,人的事业和婚姻不但不矛盾,而且是相互促进、发展和进步的。事业是生活中的一部分,事业作为发展的基础;反过来,家庭成员可以相互配合协作,推动双方事业的发展。人们不必消极地只看到结婚给生活带来的压力,应当看到结婚组成家庭后双方形成的合力。结婚不是生活的终点而是起点。虽然组成家庭之后有很多事情要做,但是,夫妻双方形成的合力可以在很大程度上提高自己的信心和实力。

(二)择偶

找配偶,就是找组合,以后还会生成新的"元素"。

学会找对一生要在一起生活的人很重要。人的命运、幸福程度至少一半在配偶。要找适合自己的、合得来的,而不是老想找比自己还要优秀的。

每个人都有优点和缺点,你爱的人不一定如你想象的那样完美。谈恋爱时,既要看到对方的长处,也要了解对方的短处,其实,你自己也存在不少短处。没有发现对方的缺点与不足，说明你还不了解对方；过分放大对方令你满意、欣赏的优点会使你疏于深入了解对方。如果在热恋期当你发现对方一些缺点时就用对方的优点去美化和掩盖，等到结婚后，才发现原来对方的那些缺点是自己所不能容忍和接受的，这样就太迟了。从另一个角度而言，过分放大对方的缺点或不足会令你觉得这也不满意、那也不满意，耽误了自己人生中最宝贵的、不可逆转的青春。因此，找对象的要求过高会使自己陷入孤独，一俊遮百丑也会给今后生活和感情留下隐患，现实中没有十全十美的人。在了解别人的同时也要了解自己。不可贪图对方的家庭条件和容貌，"最好的"只能看，不能取；也不可总是要找比自己优越的对象。如果自己与对方差距太大又想要得到对方，这不明智，叫"婚姻贪恋症"，对方也看不上你。以下提出四点看法，供参考。

1. 结交异性朋友应主动大胆，选择结婚对象须理智慎重

如果你到了谈婚论嫁的年龄，碰到喜欢的、认为合适的异性，那就要大胆表白和追求，没有什么不好意思的，这很正常，是人成熟的一种特征。处于谈婚论嫁的年龄时不敢追求异性的人会误了自己。

感情的事须慎重，结婚的事非儿戏。如果你认为对方不适合自己，那要大胆明确向对方讲清楚，彼此之间不是恋人关系，之后不要亲密来往，只作为一般熟人来交往。恋爱关系的界定须明确，须表达清楚，不能模棱两可，不可"脚踩两只船"。

人一般会掩盖自己的弱点（或缺点），特别是在谈恋爱时，这很正常。当一个人喜欢对方时，处于兴奋的阶段，一般很少较全面和深入地去了解对方。谈恋爱时了解对方的不足比了解对方的优点困难得多。有的人说，如果性格相差较大，不要紧，可以互相取长补短。笔者认为这种想法千万要不得，性格不合的夫妻，其婚姻很不稳固。如果双方性格与习性差别太大，而婚姻也能够长期维持下来的话，那么至少有一方的宽容度极大，修养极高，有足够的耐心，否则，这种结合不长久。如果你发现对方的某些缺点自己难以接受，但由于现在太想得到对方，企图等到结婚后再去改变它们，那么这种想法就太幼稚了，很不现实。因为要改变一个人的习性和观念极难，这种隐患在婚后往往很快会发展成矛盾和冲突。你须明白，要么今后必须你接受（改变自己）、包容对方；要么就不要心存幻想。

注意，谈恋爱的本质是互相了解对方，因而时间不能太短。仅依据工作表现去了解对方远远不够，因为人在工作和生活中还有很多不相同之处。谈恋爱要有一定的、具体的生活接触，要通过很多看似平常的、细小的生活细节去了解对方。

2. 扩大找对象的范围

不要将自己谈恋爱的对象固定在少数几个喜欢你的狭小范围内，也不能片面地认为越喜欢你的人越适合你。不少表面上没有表示出对你很喜欢的人未必就不喜欢你，那种不敢大胆追求你的人当中也有不少是适合你的人。特别是一些专业能力很强的年轻人，往往交际圈比较窄，活动范围和接触面较小，更要积极扩大交际范围。

3. 用对自己的优势

在择偶方面，当自己的优势比较突出时，切不能高估自己，目空一切，过分提高找"对象"的种种要求。老是"眼光朝上"最后会耽误自己。一般来说，找比自己条件略低一些的异性的选择余地较大。

当然，找一位客观条件比你优越的对象也不能太绝对说行与不行，还是要取决于双方的感情是建立在什么基础上，彼此看重对方的是什么。若以对方的家庭背景、经济条件、容貌等为取向，这样的婚姻最不牢固。彼此用什么心态看待自己和自己以什么姿态去对待对方，是婚姻能否幸福长久的关键。

4. 了解对方

◎ 品德、价值观、身心健康情况。

◎ 性格。是否虚荣、势利、自私；是否爱较劲、太任性；是否爱挑别人的毛病、遇事总是先责怪别人；是否有偏激的心态、语言和行为等。

◎ 是否有好赌、酗酒之恶习等。

◎ 做人与教养。是否谦虚礼貌、团结别人；是否爱挑起事端等。

◎ 对名利与金钱的态度。是否爱攀比，或过于羡慕别人等。

◎ 说话表达方式与处事方式。

◎ 生活习惯、家庭观念和责任心。

◎ 对方父母情况。结婚是两个家庭的事，不能将父母因素排除在外。须注意了解对方父母在做人、品德、性格、理念、习性等方面的情况。

还须注意以下三点。

第一，双方优势和特长可以互补，若双方性格或认知层次相差太大时却极难互补。

第二，是谈恋爱时，若对方喜欢你，会在意你的感受和安全，否则，不是真爱。那种为了取得对方欢心而铤而走险（违法违纪、打架斗殴、以身犯险等）的做法万万不可！

第三，在谈恋爱阶段，最重要也是最容易被人忽视的因素是人的"三观"（世界观、人生观、价值观）。说这三个因素重要，是因为它们决定着这个人做一切事情的方向和方式；说这三者易被人忽视，是因为"三观"话题难以深度探讨，即使在谈恋爱时偶有涉及，但因为当时双方尚未组建家庭，很难涉及具体生活问题。

（三）为什么中学时期不要沉迷谈恋爱

中学时期是最容易产生性冲动的时期，这是人在这个时期的年龄特点所决定的，这很正常。然而，人是高级智慧生物，应当学会自律、自爱和自重。人在中学学习时期不要沉迷谈恋爱，其理由有以下四点。

一是此时人正处于发育阶段，身体和心理还极不成熟，还非常幼稚。

二是此时自己还没有独立生活的能力，不具备谈恋爱的条件。

三是如果对情感方面投入太多，影响学习，不利于提升自己。

四是当人进入社会后，在认知和观念上不断趋于成熟和理智，对生活需要和事业发展等方面的追求会发生很大的变化。如果发现自己幼稚时所谈的对象不适合自己，之前又付出很多，想要"退场"时，往往会出现很烦恼的事。

二、夫妻和睦的四大"秘诀"

夫妻之间和睦有秘诀，这些"秘诀"其实非常简单明了，关键在人是否明白之，是否用对之。

（一）彼此都能从对方的话语中感到温暖

一对夫妻，若双方到老时，生活依然和谐，互相体贴，相亲相爱，其中有一个不可或缺的因素是夫妻双方都能从对方说话当中感到温暖。不管你认为内心有多爱自己的配偶，如果你经常说话的语气生硬、表情冰冷、措辞无理等，那么对方感受到的就只是厌烦，会引发口角，甚至激烈争吵！这个道理很多人不懂。想保持乃至提高夫妻之间的幸福指数，一定要学会说让对方感到温暖的话。

家是人们最放松的地方，身心放松的地方不等于可以乱说话。在与配偶对话时，不说对方不愿意听的话，尽量把你的尊重、关怀、宽容、赞赏、鼓励等关爱之词和正面之意传送给对方，对方感到温暖。有的人常常忽略沟通交流方式，口无遮拦，直来直去；或者经常将家门之外的坏心情带到家庭中来，这样最容易发生口角。家庭的很多不和谐因素往往来自夫妻之间的某些不合适的对话方式。将爱的方式搞错会引发家庭矛盾。如内心爱对方，却在表达时错用"反向表达"，将不尊重、刺激对方的话语传递给对方，或者用顶嘴、指责的方式表达爱。将爱的表达方式搞错时，还觉得自己有理，不明白对方的爱意为何逐渐消失。

有的人的生活压力就来自爱人。其中，有意或无意的言语刺激最为常见。一句伤到对方的话，也许将会给对方造成长期难以抹除的心理创伤，或者将对方引到错误的道路上去。

（二）先给他（她）"好"，你会"很好"

人都是相互的，何况是夫妻。你给配偶的"好"，对方自然会回馈。因此，他（她）"好"，你也"好"。夫妻是一种特殊的共同体，如果他（她）"不好"，你也"不会好"。

应珍惜和爱护配偶对你的"好"。如何让这种"好"能长久不衰，须有很高的智慧。切不可误认为这是自己在家里发挥了重大作用或自己更强势的缘故，并且将其当作任性的本钱。夫妻之间，忍即得，让即得，舍即得；争不得，压不得，伤不得。

(三)互相体贴,学会"哄"和"夸"

女人,要有爱自己丈夫的法子;男人,要有爱自己妻子的方式。

夫妻关系和睦秘诀中有一个夫妻双方都可通用的绝招——"哄"和"夸"。这里将"哄"和"夸"称为绝招,是因为很多人都懂得"哄""夸"的作用,却不会用。

"哄"是通过温和的口气、甜美的语言、善意的举动等向对方传递出爱的信息,让人听着舒服,看着高兴,感受对方的关心、体贴和安慰之情。

有时,明明已经知道对方在哄自己,可自己还是觉得很舒服、很受用。但是要注意,防止将"哄"当作"骗"来理解和运用,否则,反而起反作用。

"夸"自己的配偶,不但能使对方更加自信,而且能使对方感受到你对其的认同和满意,这样起到很好的激励和促进作用。

"夸"有智慧。首先,你必须拥有包容对方弱点与不足的心态,去发现对方的优点,然后抓住"夸"的时机,最后选对"夸"的方式。"夸"有艺术。在夸对方时,必须用平等之心、真实之意,有时,只用三言两语甚至一个词也行。也应注意,"夸"不可用得太多,否则没有效果;"夸"也不可言过其实,过度的"夸"容易助长对方任性,这样也不好。

夫妻之间相互点赞是相互包容的升级版。现在有一句话叫:"好老公是捧出来的,好老婆是夸出来的。"确实如此。

(四)"七不"

结婚后,夫妻会一起经历很多家庭琐事,免不了磕磕碰碰,这里提出以下"七不"。

◎ 不要过于任性,总想驾驭对方。生活中难免会发生一些小摩擦,不要与配偶较真、较劲,用刺激性或偏激的语言(或行为)伤害对方,或者把话说绝,一定要赢对方才罢休。如果婚后在家里的一方表现得很强势和任性,以为这样能"镇住"对方,这种想法就太幼稚了。即使对方表面默默承受,也是埋下了不和谐的因素。如果一方经常否定、贬低、藐视配偶,或用高高在上的态度、"反向表达"的语气与配偶说话,那么对方会产生不安全感,会想尽一切办法,如较劲儿或用反其道而行之的方式来摆脱这种局面,用来证明自己的作用和价值,这样很多问题和矛盾就冒出来了。

◎ 不要遇事先责怪自己的配偶,或者强求对方改变。因为对方从小到大形成的习惯不是几天就能改变过来的。珍惜和谐是双方一辈子的事,破坏和谐是一下子的事。

◎ 夫妻免不了会发生一些口角,争吵时尽量避免将"离婚"二字说出口。虽然不一定是真心想离婚,但是无论哪一方说出"离婚"二字,另一方怎么理解,却很难预料。若对方较劲,就把小矛盾扩大化了。总之,"离婚"二字说出口,往往会出现感情阴影,这个阴影有如变异的病毒,具有很强的破坏性!

◎ 不要与别人攀比,贬低自己的配偶。不可向对方施加压力,让对方觉得烦与累。特别是当自己的地位或经济收入远远超过配偶时,更须注意夫妻交流中说话的表达方式与语气。不可看不起对方,要尊重、珍惜对方在家庭其他方面的付出。

◎ 不与配偶较劲,不做种种变相的惩罚。厌烦、压抑、悲伤或愤怒等情绪所带来的问题很多、很大。在婚姻方面,如果这些负面因素长时间没有得到改善,很容易使人失去"性趣"!这对婚姻的杀伤力极大!

◎ 不要经常在别人面前诉说自己配偶的不好,也不要常在配偶面前谈论其他异性有多优秀,这些都有弊无利,还会埋下不少隐患。

◎ 对自己的配偶不可疑心太重,遇事总是往负面去想。疑心太重是不信任对方的一种表现,对夫妻的感情伤害很大。

三、家和万事兴

(一)家是事业的根、人生的归宿

任何一个新组建的家庭,由于每个人长时间形成的不同个性,一时难以改变,需要一个磨合的过程。在这个过程中,难免有误会、磕磕碰碰。彼此应当怀有宽容之心，对配偶要求也不要太高，不强求对方一定按自己的要求去做，才能较大程度地避免因家庭琐事而发生争吵。

温馨和谐的家庭就是天伦之乐，是人生的无价之宝！家，伴随人的一生，没有试用期，没有退休期。家家都有一本难念的经，治家极难。若心里只有工作和事业而没有家庭，或者心里只有家庭而没有工作或事业，都是错误的。在特殊情形下，当工作与家庭两者在某一方面必须有所侧重时，过后要及时调整弥补。须知，家是事业的根、人生的归宿。有了根，才会有事业之树常青，才会有幸福之花常开不败，才有可持续发展性。这里要特别指出的是，在家庭里，要乐于做家务、学会做饭。

（二）家事与公事有所不同

现实中不乏一些专业上很优秀、工作上做出很多成绩的人，人品、人缘都很好，受到上级的重用、同事（员工）的尊敬，人们经常称之为强人或骨干，然而，他们中的某些人在对待配偶感情方面、教育子女方面、对建立和谐家庭的规划与发展方面做得很不理想，令自己很纠结和头疼。其主要原因是，对于怎样经营家庭，在方法上重视和学习不够，将自己在工作中所使用的方式套在处理家事上。

（三）夫妻相互包容

家的磁场是和谐。

"家和"的核心是相互包容。中央电视台曾播出的节目内容是采访一对结婚60周年的恩爱老夫妻，主持人问："二者为何能相爱这么长久，秘诀是什么？"老奶奶答道："从结婚开始，我就列出10个我能够原谅对方错误的条款，若对方犯这10个条款中的任一条，我都能原谅他。结果这60年来，我的丈夫所出现的错误都在这10条之内，所以我都原谅他，从不与他发生大冲突。"主持人又问："这10个条款是什么？"老奶奶又回答道："其实，到现在我还没有具体将这10个条款列出来，因为每当对方出现错误时，我都认为他犯的应该是我所列的10个错误之一。"多么令人羡慕又令人深思。其实，感情的深浅就看一方如何包容对方。

有一篇文章刊载一位母亲在女儿婚礼上的讲话,其中有三句话很有道理。第一句话是小两口都要去掉自己一半的个性,要有作出妥协和让步的心理准备,这样才能组成一个完美的家庭;第二句话是爱情不是亲密无间,而是宽容有间,婚姻不是占有,而是结合,给对方留下空间,同时也是给自己自由;第三句话是家不是算账的地方,家是一个讲爱的地方,如果什么事都探究法理,那只会弄得双方都很疲惫。

(四)正确看待自己在家庭中的作用

一方面,不可只看到自己在家庭中的作用,贬低配偶的努力和付出,摆出一种了不起的样子,或者在平时说话时向配偶炫耀自己的优势或长处。须知,人都有自己的长处和短处。你发挥自己的优势或长处做事情并取得满意的成果时,不可骄傲,不可讨人情,否则会伤害对方,也使自己的本意变味,导致你所做出的成绩配偶不但不领情,反而使对方变得冷淡。换位思考,如果你的配偶也这样对你,你的感受如何,道理就明白了。如果你希望家庭成员记住你的好,一定要有一种自然而然且尊重对方的神态,不讨人情。父母与子女的关系,也是一样的道理。

另一方面,有的人很在意自己的短处,为了掩饰其短处,总是想让配偶明白自己在家庭中所作的付出,或者显摆自己的长处,甚至用自己的长处要挟对方,以显示自己在家庭中的重要性。实际上,这是自己安全感不足的一种特殊表现。这种表现,反而使自己的长处变得没有价值,这对婚姻有害!

其实,你的长处和付出,不要张扬和显摆,配偶都知道,都藏在心里;人都有短处,大胆接受,如果你的短处正是配偶的长处,不必自卑,那恰恰是你的福气。

第十二章　平安和健康是人生大福

人的生命只有一次，不可重来。安全与健康没有替代品，不能用金钱买，任何人也无法替代你过完这一生，只有自己去面对。安全与健康是人的无价之宝！处事时，安全、健康是第一要素。

每一个人的生命和健康不但属于自己，而且属于家人。人生有很多的义务与责任，首先必须对自己的安全与健康负全责。活着和保持健康是人最大的资本，人只要平安健康，再大的坎都能过。

学习安全防范的知识和本领没有年龄和时间的限制。要认真学习消除和化解隐患、逃生、急救等技能，因为在最重要和最关键的第一时间里只能靠自己。

虽然我们不必整天提心吊胆，但是，安全没小事，要学会保护自己、防患于未然、避开危险。

一、你的安全你负全责

人要重视学习安全与健康知识，学会保护好自己。聪明人会处处最大限度地提高自己的安全系数，关注健康，不断化解危险和排除隐患。没有把安全与健康摆在第一的人是"傻子"，用安全和健康去换取其他外在东西（如名利、金钱）的人是"疯子"！

（一）重视学习安全常识、敬畏安全

社会在不断发展，安全常识在不断更新。没有一门包罗万象的"安全学"，即使有，当危险来临时，也来不及像查字典那样去查；即使查得到，也未必会运用。学习安全防范知识的渠道很多，如网络、电视、报纸、杂志，也可以向不同行业和不同专业的人学习，其中也有不少是在与别人聊天时学到的。

应特别重视以下几个重要的安全常识。

1. 注意交通安全

车不能开得太快；不要靠近大货车；不要强行超车；不闯红灯；酒后不开车；不疲劳驾驶；不要在行车时分散司机的注意力，不与司机过多交谈，恋人不要在开车时谈情说爱；行车、走路时不接、打、玩手机；骑车时要注意停在路边的车，防止车门突然打开引起碰撞；走路或行车时物品掉了不可立即停车去捡，必须先观察过往的车辆；行车走路，除了自己要遵守交通规则，还要注意关注来往车辆和路况；因车的后下方是盲区，故而开车前应先走到车后查看一下有没有人，特别是有没有小孩或蹲着的人，防止倒车出事故等。

2. 手机使用安全

当今手机的作用已渗透到人生活、学习和工作的方方面面，人们不能没有手机。虽然人们都知道手机对自己的重要性，但是，人们对使用手机安全方面的认识还不够，在使用手机时，上当受骗，或者使用不当引起安全事故常有发生。我们必须不断地学习如何安全使用手机，这方面涉及的内容很多，各行各业对手机的使用都做出过相应的规定，网络上也有很多关于如何防手机诈骗及如何安全使用手机的知识，读者可自学之。这里特别提醒大家在以下八个地方切勿使用手机，以确保自身安全。

◎ 有大量电流集聚的地方（如高压电杆旁）。

◎ 雷电交加之时。

◎ 开车之时。

◎ 加油站内。

◎ 飞机上。

◎ 磁辐射较强的地方（医院里的透视室、磁共振室、CTS室、B超室，电磁炉旁、微波炉旁等）。

◎ 易燃易爆场所。

◎ 手机充电时不放在床上或布质家具上（预防手机发热引发火险事故）。

3. 防溺水事故

一是不要到陌生水域游泳；二是夏天到海里游泳时，最大的隐患是海浪和礁石，应做好防护措施；三是河水中的礁石和暗流也很多，防不胜防，游泳的危险性也很大，尽量不要下河游泳。

4. 避开密集人流

特别是带孩子，尽量不要去人流量太大、太密集的地方，防止孩子走失。大型的活动，人流拥挤，也容易发生集体踩踏事故！发生踩踏事故最明显的征兆是，当原来非常拥挤和缓慢的人流速度突然发生变化，并发生方向转变，这时候可能发生踩踏情况。踩踏发生后，人会突然感觉"被推了一下"，这时候要特别警觉，踩踏已经发生！当你身不由己卷入混乱的人群中时，尽快抓住身边牢固的建筑物（栏杆、柱子、大树等）；但要远离店铺和柜台的玻璃窗，即使鞋子和贵重物品被挤掉也不要弯腰拾起或低头寻找，这些动作都会使自己非常容易被推倒。在拥挤的人群中前进时，首选的姿势是用胳膊在胸部前形成一个三角形，给肺部呼吸留出一个空间，因为大部分被踩踏者都是窒息，或胸部被挤压而死的。如果摔倒，设法将身体蜷缩成球状，双手紧扣于颈后。如果你在外围，应迅速离开。

要敬畏常识，不要将其当成儿戏，或认为那是极小的概率，几乎不可能。"几乎""极小"不等于没有。大意和侥幸心理是造成事故的罪魁祸首！不过，"重视"不是整天提心吊胆，而是"重视和防范"会使得我们心里更加踏实自在，活得更加安全、平安和愉快。

只要人们留意学习，关注安全与健康案例，遵守规则、敬畏常识，去除麻痹思想，去除侥幸心理，很多安全事故可以预防和避免。

（二）外出时应自觉遵守安全规则

到外地旅游时，人的新鲜感强、好奇心重，精神处于亢奋状态，往往会忽视一些安全细节而埋下隐患。如水边、野生动物活动区域及地势地形容易发生危险的自然环境。切记，不乱用好奇心，不乱逞英雄。

一般来说，旅游常见的有两种：自行组织外出旅游，或由旅行社组织外出旅游。前一种形式的旅游自己要更加注意学习相关安全知识，后一种形式的旅游都有导游，要遵守导游提出的注意事项与要求，不拿自己的生命开玩笑。不可为了证明自己所谓的"勇敢"，而无视景区的安全规则要求，抱着侥幸心理，逞一时之勇。现在媒体报道的有关游客私自冒险，不遵守景区安全规则，无视别人的安全劝告，明知故犯，被海浪（河水）卷走，被猛兽吃掉，被毒蛇咬伤，或者掉下悬崖等的案例很多。

（三）学会先保护自己，懂得避开危险

一个"忘了爱自己"的典型案例，值得人们深思。

据报道，1912年，罗斯福谋求连任美国总统。在一次演讲时，他被刺客射出的子弹击中胸部，鲜血浸透大衣。民众喊着让他赶快去医院，他却感觉伤势并不致命，认为此时正是展示硬汉形象的绝好机会，坚持了90分钟，直到演讲结束才到医院。而此时子弹已陷入他胸部3英寸（约7.62厘米）处，取出已十分危险，最后不得不留在体内。虽然此后各家媒体都报道了罗斯福遇刺后的英勇之举，他也将自己英雄之举作为竞选的砝码，但最后他还是输掉了大选。在总结失败教训时，他说："我原以为自己的刚强值得夸耀，可民众却觉得它更应受到批判和谴责，没人相信一个不顾惜自己性命的人，会有能力保护好民众。"

如果当时罗斯福冷静，及时抓住在场听众的心声和要求，立即前往医院，在即将离开讲台时，根据自己演讲目的和重点内容，摘录出其中自己认为最为精彩的一两句，结合当时会场的特殊气氛，做一次不完整的、很短时间的"特殊演讲"，那么，结果可能就不同了。

二、勿让健康毁在自己错误的认知里

（一）树立正确的健康理念

很多人的健康大多毁在自己错误的认知里。有的人认为，"乌龟即使不动也能长寿，因此，人不必运动，人的寿命与运动无太大关系。"这种认识是错误的。人与乌龟不是同类的物种，其生理功能也完全不同，两者没有可比性。又有

人认为，"喝酒与长寿与否没有太大关系，某某人经常喝酒，不也是很长寿吗？"这种认识也是错误的。这里需要指出的是，不能以某一个个体去证明全部。在喝酒方面，每个人的身体状况不同，体内分解酒精的酶的多与少，相差很大，人与人之间没有可比性。

人的身体不是金刚不坏的，也不是取之不尽、用之不竭的太阳能，却无时无刻、不辞辛苦地在工作，不停地给人提供生命所需要的能量，还要不断地抵御外来病菌的侵入，身体各部分器官的任务繁重难以言表。因此，身体本身对人的行为、习惯等因素均有相应的要求，如遵守作息规律、合理饮食。但是，这些身体不会说话，只有等到出问题、生病时身体才向人发出信号，让人感到不舒服、痛苦，这显然太迟了。虽然人们都知道健康的重要性，但是，由于人在健康时常常思想麻痹、行为放纵，在成功、高兴之时，失意、无聊之时，或者人际需要之时等，经常会不自主地摧残、透支自己的身体，如熬夜、暴饮暴食、酗酒，等到真正病了，才来医治。

生活中，很多人虽然身体尚健康，但工作节奏快、压力大，常处于紧张的状态；体能上消耗很大，易上火、易疲劳。当工作任务完成之后，为减轻精神压力，消除疲劳，常过度饮酒、暴饮暴食，这是不正确的做法，等于在火上浇油，危害极大！很多人陷入这种恶性循环：高兴时摧残自己的健康，失落时摧残自己的精神。为什么我们不在自己身体好的时候就开始保养自己最宝贵的身体，非要等身体出问题了才来医治和保养呢？爱护身体，珍惜健康的最佳时机是在自己年轻力壮、健康没病的时候，等到人体出问题时才来保养已为时太晚。因此，每个人都应及早明白，一切"拥有"都是有限期的，必须珍惜。同时也要明白，拥有会使人麻痹和狂妄。无论是安全与健康、婚姻与家庭、金钱与权力，道理一样。当付出不可逆转的代价时才明白，太迟了。

有时，到医院看望病人，看到很多病人的痛苦，才会明白健康是多么重要！

当一个人身体出现问题时，才发现自己对待生命的最大问题出在没有运用正确的健康理念。最糟糕的是，当病人将自己用生命作为代价所体会到的无价之宝，如"养生一定要在人年轻、健康时就开始"说给年轻人听时，很多人却无所谓，甚至还列举不少歪理来自圆其说，非常愚蠢和无知。

每一个胸怀大志、想干一番事业的人，第一条要紧的是要有一副健壮的体魄，让健康的身体为自己提供优质的能源；否则，力不从心，一切理想都成为空谈。须知，体弱气衰，体弱志短。无论人的地位再高、钱再多，若不珍惜自己的身体，一旦身体出了问题，已经拥有的一切都会归零。

今天养生、锻炼身体，明天不可能立即有成效，可能身体还会出现一些锻炼所带来的不适。其实这是自然的、正常的反应。如果想在短时间里通过养生和锻炼而达到治病的目的、得到健康，这是不可能的。欲速则不达，太急反而会起反作用。如果正确锻炼、持之以恒，定能收到好效果，有些好处还会令你意想不到。

人的智慧相当大一部分体现在如何关爱自己，你如何对待自己的身体，身体就会将其积累和储藏起来，最后以相应的结果反馈给你。养生和锻炼身体是提高人的身体健康回报率最高的一项长期投资。

这里须注意的是，在养生方面，不是钱花得越多越好。有的人花了很多钱，乱吃营养品，结果反而将自己的身体吃坏了。

饮食方面，好的东西，也要适可而止，因为物极必反。

（二）有时"我已习惯和适应"是一种假象

习惯和适应也有好坏之别，应顺应自然规律。

如果强行压迫自己适应违反自然规律的习惯，那是绝对不行的。例如，有的人长期熬夜，不到深夜 12 点后不睡觉，甚至到凌晨 1、2 点以后才休息。别人对他指出长期熬夜的危害时，对方回答道："我已习惯和适应了。"这种习惯是错的。人是血肉之躯，人活在地球上，除了吃、穿、住、行，还有一个极为重要的"休"（休息），必须顺应自然规律对人体的要求才能获得健康，任何违背自然规律的做法都是在摧残自己的身体。这种所谓的"习惯和适应"是身体不得不屈服所呈现出的假象，是以牺牲身体健康为代价来给神经下止痛药，换取神经系统的表面服从，并不是激发出身体的特异功能或产生什么抗体。积累到一定时间，身体自会给自己"结账"。

喝酒也是如此。人的酒量与自己本身的体质有关。身体内化解酒精的酶较多的人比较会喝酒,酶少的人就比较不会喝酒,有的人无论如何都不会喝酒。对不会喝酒的人通过不断增加每次喝酒的量,或增加喝酒的次数等办法"锻炼"酒量,虽然表面上酒量会有所提升,但这也同样是逼身体屈服的错误做法。人的酒量是天生的,"酒量靠练出来"是大错特错的理念。用健康去换取别人口头上的认可是极为愚蠢无知的,最后只能自己给自己买单。当然,较会喝酒的人也要把握好自己,须知,乱用自己的长处也会葬送自己!

三、影响人身心健康的六大因素

(一)性格

急性子、常感压抑、常感恐惧或焦虑这三种特殊性格对人身体健康的危害不小,本书前面章节中谈得不少,这里不再赘述。

(二)情绪

人的不良情绪是摧毁免疫系统的头号杀手!对免疫系统最大伤害的不良情绪是愤怒、悲伤、恐惧等。

(三)饮食与卫生

人在就餐时,应怀着感恩的心,举止恭敬,不说不好听的话,不想不开心的事。这样,人才能真正的摄取到食物中的营养和能量,使自己更加健康。

脾胃为后天之本,南宋李东垣著的《脾胃论》一书里阐述了"人以脾胃中元气为本"的理念,可见脾胃的重要性。人的很多病往往源自脾胃。解决脾胃的问题,其一是调节精神因素方面;其二是调理饮食方面。

现在有很多年轻人,面对快节奏的工作和较大的工作压力及人际交往的需要,对待三餐要么简单就好,随意解决,要么暴饮暴食。由于当前血气方刚,出现的一些肠胃问题一般能较快解决,因而经常被随意处置或被忽视。长此以往,真正的肠胃病来了，才知道它的严重性。因此，我们应当爱护好自己的脾胃。

1. 爱护自己的脾胃从养成良好的饮食习惯开始

首先，要重视膳食平衡，合理搭配。其中最重要的是做好早餐，吃好早餐。

对于学生和上班族而言，早上的时间通常比较紧，很多人往往随便吃一点东西，这样会使身体所摄入的营养不够。如果到外面简单解决，往往会摄入过多的糖分（快速早餐往往含糖量很高），食品安全和卫生状况也令人担忧；如果来不及就干脆不吃早餐。长期如此，给身体健康造成的危害也极大。

有的人认为若早餐吃不好，可在午餐、晚餐中弥补。这是不得已而为之的办法。人一天中最为重要的是早餐，午餐和晚餐永远无法弥补早餐的缺失。如果不吃早餐或者只是随便应付一下，而将晚餐准备得很丰盛，反而会给身体带来更大的危害。

2. 饭不能吃得太饱

饭吃七分饱足矣，八分饱已过量。过去人们贫穷时忍饥挨饿，难怪一见面打招呼就说"你吃过了没有？"而现在人的生活水平大幅度提高，最怕的是吃撑了，吃得太饱首先是难受，而后是会引发很多疾病。

现在都是小家庭，人口不多，饭菜常常容易做得过多。饭菜可口诱人，剩下一些倒掉又觉得有点可惜；想放在冰箱里又觉得麻烦，况且人们一般不爱吃剩下的饭菜。因此，不自主地在吃饱后又多吃了几口，吃得过饱。防止吃得太饱的关键是控制食量和做饭定量。具体注意三点：一是在还想多吃一点时住口；二是当用餐到平时的习惯饭量时，还想再吃，此时最容易吃过量，一定要打住；三是每样菜的量不要做太多，尽量少点。在吃的方面不要太贪，养成这种良好的习惯需要有很强的定力。要懂得，多吃一点很不划算，得不偿失。家长不可劝孩子多吃一点，应该要求孩子饮食适量，不要挑食，合理搭配。

想要保护自己的肠胃，用餐时，应养成小口、慢吃、细嚼的良好习惯。特别是遇到急事或肚子太饿时，吃饭速度太快会对胃肠功能造成很大的伤害。"小口"和"细嚼"就是让牙齿尽职尽责，有效地减少胃的工作压力。"细嚼"有三大好处：一是慢；二是使食物细化；三是使口腔里多种有益酶能与食物充分混合，提高胃的消化吸收率。

3. 注重食物的温度

吃粥、喝汤、喝开水、喝茶时的温度都不能太高,防止烫伤咽喉、食管和胃黏膜。若长久如此,容易引发病变。特别注意不能常吃火锅,在吃火锅时特别要注意食物入口时的温度不能太高。还有,胃喜温忌凉(冷),饭后、空腹和运动锻炼后不能吃冷饮,平时也要尽量少吃冷饮。

4. 管好自己的口,不乱吃

在经历人生的酸甜苦辣之后,人往往为了精神上的享受或解脱,大吃大喝。每次最得利的是嘴巴,有口福,而最苦的则是胃肠。现在很多人是吃坏的而不是饿坏的。

很多人常吃夜宵,胃得不到休息,危害极大,最好是在晚上九点之后不要吃东西。偶尔吃夜宵,也要坚持吃得量少、吃易消化的食物,不吃油、甜、炸的食物。

亦不要整天零食吃个不停。在肚子不饿的情况下老是吃东西,不停地给胃肠下达工作任务,让自己的胃应付不暇,负荷太大,没有喘气和修复的机会。另外,不少零食亦不够健康。

适当地饿一饿,让肠胃有一定的休息时间,不要整天都将肚子填得满满的。现在一些资料表明,适当保持"空腹"状态对人体健康更有益。

除食物之外,饮用饮品也要适时、适量。空腹喝酒伤肝又伤胃,睡前喝茶虽提神也伤胃,睡前喝甜汤易发胖还伤肝。口渴时切不可以牛奶、饮料代替开水,这样会起反作用。

5. "九少"

吃食物,应少盐、少糖、少油、少炸、少熏烤、少腌制;少喝饮料;少吃洋快餐;少吃罐头、蜜饯、饼干和精加工食品。

单一食物也不宜食用过量。有一篇文章报道黑木耳吃太多了反而会伤肾。紫菜、海带含碘高,碘对人体有益,不过,海带或紫菜吃过量了会导致碘过量,严重的会引起碘中毒!

6. 不吃霉烂变质的和长时间存放的食物

任何食品腐烂变质后，千万不能食用；也不要只去掉表面腐烂部分，食物一旦变质，其整体是一样的，表面的一部分腐烂只是一种提示。不管食品有多贵、多稀奇，一旦变质，不只是一文不值，而且有食用风险，不可将其变着法子、变着形式吃。食物的农药残留也会给人带来极大危害，请注意上网查阅学习。

7. 吃水果，应因人而异

如梨子、柚子，脾胃虚弱的人不宜多吃；柑橘，阴虚有热者、有炎症者勿食；香蕉，含有较多的钠，吃多了会加重肾脏负担等。还须注意的是，不能以水果代替主餐。

一般来说，食品应多样、多色、新鲜、煮熟、"粗细"搭配和适量。

8. 学会科学合理喝水

一般来说，睡前半小时至一小时喝一杯温开水，半夜若醒来再适当地喝一些温开水，早上起床后再喝一杯，对防治便秘非常有效，而且对预防肾结石也很有效。吃饭前喝一些温开水，有助于肠胃蠕动。运动之后不能猛喝冷开水或饮料，宜稍作休息之后喝一些温开水为佳，若汗流太多可适当喝一些淡盐水或淡糖水。

9. 不乱"补"

如今，保健品广告铺天盖地，但常常宣传得过于片面。作为消费者，若有必要，要在正规医院、医生的指导下服用，切记不能自行乱吃，不能过量，适可而止。有的人一听保健品的广告后，对照自己的身体健康情况，觉得好像自己的身体有很多问题，都得"补"，其实是自己的思维被广告绑架了。

不可乱吃补药、乱吃维生素、乱吃保健品，特别是儿童。

（四）作息习惯和卫生习惯

人体的生物钟能调节自身的内分泌激素，保护免疫系统。经常熬夜是一种身体透支，会打乱自己体内的生物钟，熬出疾病。有的人经常熬夜至凌晨1、2点，吃完夜宵后才睡觉，这是极坏的作息习惯。夜深了，人还不休息，又吃下食物让胃继续工作，肝胆的消化功能、供血功能、排毒功能都受到严重影响，人体就会生病。人的生物钟是一种自然规律，我们要尽量做到去适应大自然规律，遵循健康的规律。

宜早起。一般来说,根据季节的不同,早上5:30—6:30起床较好。太阳出来,阳气上升,大地一片生机勃勃,空气新鲜。此时正是人锻炼身体的大好时机,坚持锻炼,大有益处,对你的身心皆有所裨益。

如果熬夜后,第二天早上又睡到很迟,匆忙到外面吃一点甚至不吃早餐,这是在犯多重的错误,对身体的破坏性极大!任何补救措施都不能弥补这个错误造成的危害,所以要坚持早睡早起。

另外,还要养成良好的卫生习惯,预防"病从口入",养成自觉洗手的良好习惯等。

(五)形体姿态

不少人忽视形体姿态对健康的重要性,进入中年时,颈椎、腰椎、膝关节出了不少问题,有的甚至极为严重。须知,人坐有坐相,站有站姿,都应身正。身正则气顺,关节受力自然,全身肌肉骨骼处于平衡状态,身体健康;身不正则气堵,关节受到压迫,全身肌肉骨骼处于失调状态,关节部位容易出问题。走路也要有走路的样子,须研究如何正确走路,特别是如何才能使两膝的受力均匀和自然,生活中,年纪不大却两膝出问题的大有人在。

人应重视养成正确的形体姿态的习惯,并从青少年抓起。

(六)工作性质和工作环境

任何一种工作特点,有利必有弊,总有一些方面不尽如人意,这很正常。

有的工作虽然轻松,但环境恶劣,或污染严重;有的人虽然工作报酬高,但很忙、很紧张,压力大;有的工作要经常到外面应酬公关,饮食肥腻、抽烟喝酒,影响健康等。人应懂得学习、研究、化解工作特点的不利之处。只有身体健康,才能更好地工作。

现代人工作和生活都离不开电脑和手机。长时间坐着,容易引发多种职业病。久坐伤肾,对眼睛、颈椎、胃肠,以及男性的前列腺等都极为不利,也容易引发痔疮等疾病。经常久坐的人,应学会忙里偷闲,通过每隔一小段时间后走一走、抬抬头、扩扩胸、弯弯腰、踮踮脚、踢踢腿，目视远方等办法来调节自己，维持自己的身心健康。

很多职业病，年轻时血气方刚，没什么感觉，但随着年岁增长积久成疾，愈发凸显。我们应该针对自己的工作性质和特点，及早采取必要的保健措施，寻找适合自己的、具有可操作性的锻炼方法，方法当以场地小、动作简单、有针对性、易记、时间短为原则。可采用如叩齿、自我按摩、拍打、抖、伸拉等动作，时间允许的话，可重复。长期坚持，养成良好的习惯，将受益无穷。

四、珍惜和保护好自己体内的免疫系统

（一）人体内的免疫系统有上限

有时，人也有不顺心或因身不由己、超负荷工作而造成身体透支，或者吃了某些不健康食品等而引发健康问题、生病的时候，这时就要靠免疫系统这支"特种部队"来排毒、战胜外界病毒侵入。

人的免疫系统有上限，不能过分夸大。人不能经常对自己身体搞"军事演习"（如乱吃、乱喝、熬夜），挑战自己免疫调节、排毒系统的极限！我们不能无休止消耗体内这支"免疫特种部队"，让自身的免疫调节系统疲于奔命，最后失去战斗力！其实，人的免疫系统每时每刻都在为自己的身体工作，担心长期闲置会使免疫系统退化的想法非常愚蠢。

人的不良情绪对自己的免疫系统破坏性也很大。人必须保持良好的心理状态和稳定的情绪，这对自己的身体健康大有裨益，这很重要。

人们平时还要注重食品安全，合理饮食。安排好作息时间，讲究卫生，锻炼身体，不断为身体补充后天的"正能量"以弥补先天不足和平时的消耗。只有这样，才能确保这支"特种部队"时时保持旺盛的战斗力。切不可人为地将自己的这支"特种部队"拖垮！另外，过分贬低人自身这套免疫系统的作用也会使人犯下极大的错误。例如，因病引发焦虑，导致乱投医、乱吃药，这样不但影响对病情的正确诊断和治疗，而且容易使病情加重。

（二）正确处理好身体、工作、休息三者之间的关系

1. 积极工作而不是拼命工作

要正确处理身体与工作、休息之间的关系，善于给自己减压。不可将工作当作生命，因为工作为生命服务。若有时免不了加班加点，要学会忙里偷闲，学会调节自己。任务完成后，放松是必要的，切不可到外面大吃大喝、放纵自己，在身心极度疲惫的情况下又撑坏了肚子。

疲惫是在透支自己的身体，办事效率低，也容易出错。疲惫的良药是休息，任何提神的办法只是临时之计。

2. 锻炼身体

生命在于运动。保持健康的关键在于是否不断地给自己输入正能量。人在奋斗中获得财富时，付出最多的是自己的精力和健康。人应学会养生，坚持锻炼身体，投入一定的时间和行动，并且持之以恒。也许有人会问，每天锻炼这几十分钟就这么管用吗？答案是肯定的。坚持这几十分钟的锻炼，促进新陈代谢，不断修复已经磨损的"机器部件"。锻炼之后，由于身体已经得到正确的运动和调整，其内部还在不断唤起、推动、发展人们自身的"生命潜力"，提高自身的免疫力，形成一个良性循环，生活质量大大提高。

锻炼身体须注意以下六点。

◎ 刚吃完饭后或太饥饿时忌锻炼。运动之前必须活动关节、热身，先将身体各个部分放松，而后做一些预备动作，使身体各部分关节、筋肉真正得到放松，才不会引起运动损伤。锻炼时（或走路时）不可大声说话，否则，会岔气，引起身体气机混乱。

◎ 根据自己的年龄和体质选对锻炼方式，学习掌握正确的动作要领和要求。强度忌太大，时间忌太长，应控制好"度"，过度的运动也会产生副作用。锻炼的形式多种多样，因时、因地而异。有时，用两三分钟时间，伸伸手、弯弯腰、扩扩胸、踢踢腿、深呼吸、搓耳、叩齿、吞唾液、梳头、原地跑步、拍打等，都是锻炼和调整身心的好办法，别以为它们没什么作用而忽略它。忙里偷闲，养成习惯。有时，两三分钟的锻炼比吃一次药来得管用。

◎ 忌在空气不好的环境或存在安全隐患的场地里锻炼。天气好的时候尽量选择在户外运动，适当晒一晒太阳，增加身体对钙的吸收。

◎ 夏天锻炼后，身体忌对着电风扇直吹，忌直接洗冷水澡，忌喝冷开水或吃冰冻的食物，忌狂饮。运动锻炼后宜在平静下来之后小口慢慢地喝温开水。锻炼结束时，宜先擦干汗水后用温水洗澡。

◎ 忌选择违反人体生物规律的时间段进行锻炼。一般来说，早晨太阳刚出来时，阳气上升，锻炼最好。而晚上不宜做强度较大的运动。

◎ 不急于求成。选择有针对性的、适合自己的身体锻炼方式，或者正确治疗自己身体某种慢性疾病或亚健康的方式，不可贪求得到多大的收获，也许身体内部还在做调整，我们尚未感觉到。因此，要坚持一段时间后再说，不可因暂时没有好转而放弃。

关于运动修复，当人很累的时候，适当地做一些按摩，如头部、肩部、手、脚的按摩是可以的。掌握好按摩的力度极为重要，不是越重越好，力度太重会受伤或造成淤血。按摩不能太频繁，穴位也是要休息的。有的穴位不能按摩，如人的颈动脉周围。

3. 休息

身体再好，也比不上钢铁，钢铁久了也会坏，何况身体是肉长的？再强壮的身体也经不起折腾。学会科学地、合理地休息，在身体还未发出疲劳信号时就适当休息的效果最好。这样可以使人的体力和精力处于最佳状态，工作效果倍增。如果自己在感到很累时才休息是最不划算的，因为身体要很长的时间才能恢复。

由于平时种种客观因素的影响，有些因素不是自己能够决定或者改变的，在做很多事情的时候，难免出现熬夜等身体透支的情况，要及时调整。人的身体好比一张弓，不可整天拉满弓，否则，会使弓失去原有的弹性。有时，休息比吃药更有用。以为自己身体强壮没关系而硬扛最终会吃大亏，若身体垮了，则什么都没有了。

休息不仅指肉体上的休息，还包括精神上和心理上的放松。脑力劳动是一种高级劳动，它消耗的是心力，因此，须经常给自己腾出一些时间，让自己精神充分放松，使身心得到滋养。

后　记

　　人与人之间有一个很重要的不同之处在于是否能时刻向内省察自己的思想和言行，是否能改变自己和提升自己。人在如何看自己方面，存在两种较为典型的表现。

　　第一种是遇事向外找原因，向外求别人。例如，有的人遇事不会也不愿从自己身上找问题，将问题归结为是他人或外部客观因素造成的。这样，不但不能从根本上解决问题，而且存在的问题以后还会以不同的情景重现，使人重复出错。

　　有的人将自己的进步发展建立在依赖别人帮助的基础上。孰不知，依赖和等待别人的帮助是靠不住的，还会助长自己的惰性，耽误自己。

　　还有的人天真地认为，只要付出自己的善良、迎合别人，就能获得别人的赞扬和认同，从而提高自己在他人心中的形象；只要尽力展示自己强项的一面，让别人看到自己的优势而使其心生羡慕之，就显得自己有实力。其实，这都是一种自我安慰而已。别人的看法或许与你想的不一样，别人看到的却是你的无知和懦弱。一个弱者是如何形成的？是长期由错误的认知所产生的错误做法将自己塑造而成。

　　第二种人遇事会向内反省自己，这不是自责，而是通过寻找自己存在的深层次的问题，感悟这些问题背后隐藏着的深刻道理；从而不断地历练自己，改变自己，提升自己的实力和价值。

　　关于自省，这里再做以下两点说明。

　　一是人自省的心态，决定着自省的深度。虚心地自省，好比别人毫不留情地在揭你的"短"，指出你平时没有察觉到的问题，而你却能静静地、诚恳地、认真地在倾听，并且能不断地自纠而得以自愈；深刻地自省，好比一面镜子，照出自己内心深处存在的缺点与不足，觉察到自己更深层次的问题，找出问题的根源，真正地改变自己和提升自己。

二是人自纠的力度，决定着自愈的效果。自省是"知道"，自愈是"做到"，先有"知道"，才能有"做到"。须知，"知道"不等于"做到"，从"知道"到"做到"是一个极为重要的过程。

但愿人们能及早地认识到自省自纠的重要性和必要性，笃行致远，砥砺前行，不断地将自己打造成一个强者。

一个善于自省和自纠的人，无论自己的处境怎样，都会很好地把握自己，虽然人生之路曲折，却总是朝着正确的方向发展。当他回首人生往事时，定会为自己拥有自省和自纠这一优秀品质而感到自豪。